Lecture Notes in Mathematics

A collection of informal reports and seminars
Edited by A. Dold, Heidelberg and B. Eckmann, Zürich

Series: Institut de Mathématique, Université de Strasbourg
Advisers: P. A. Meyer and M. Karoubi

138

Dominique Foata
Université de Strasbourg

Marcel-P. Schützenberger
Université de Paris

Théorie Géométrique des Polynômes Eulériens

Springer-Verlag
Berlin · Heidelberg · New York 1970

This work is subject to copyright. All rights are reserved, whether the whole or part of the material is concerned, specifically those of translation, reprinting, re-use of illustrations, broadcasting, reproduction by photocopying machine or similar means, and storage in data banks.

Under § 54 of the German Copyright Law where copies are made for other than private use, a fee is payable to the publisher, the amount of the fee to be determined by agreement with the publisher.

© by Springer-Verlag Berlin · Heidelberg 1970. Library of Congress Catalog Card Number 76-124074 Printed in Germany. Title No. 3294.

TABLE DES MATIÈRES.

CHAPITRE 0 : <u>Introduction et historique des nombres d'Euler.</u>   1

    1. Bref historique sur les nombres d'Euler   1

    2. Résumé du mémoire   4

CHAPITRE 1 : <u>Propriétés générales des systèmes d'excédances et de montées.</u>   8

    1. Excédances   8

    2. Descentes et montées   11

    3. La transformation fondamentale   13

    4. Relations entre les excédances et les descentes   15

    5. Applications aux permutations alternées   17

    6. Relations entre les excédances et les montées   20

    7. Relations avec les permutations circulaires   21

    8. Tableau des bijections utilisées   24

    9. Notations générales   25

Work supported in part by contract USAF 61 (052) - 945.

CHAPITRE 2 : <u>Les polynômes eulériens.</u> 27

    1. Interprétation des polynômes eulériens 27

    2. Propriétés de symétrie 29

    3. Relations de récurrence 32

    4. Relations avec le "problème de Simon Newcomb" 36

    5. Relations avec les nombres de Stirling 38

    6. Les identités de Worpitzky 40

    7. Table des polynômes eulériens 44

CHAPITRE 3 : <u>La formule exponentielle.</u> 47

    1. La formule de Hurwitz 47

    2. Le composé partitionnel 50

    3. Une formule d'inversion pour les séries exponentielles 53

    4. Le composé partitionnel des applications 55

    5. Applications 60

    6. Une identité entre déterminants et permanents 62

CHAPITRE 4 : <u>Fonctions génératrices des polynômes eulériens.</u> 66

    1. Fonction génératrice exponentielle de $^{0}A_n(t)$,

        $A_n(t)$ et $B_n(t)$ 66

    2. Fonction génératrice exponentielle des polynômes $^{r}A_n(t)$ 71

    3. Autres interprétations des polynômes eulériens 74

CHAPITRE 5 : <u>Les sommes alternées</u> $A_n(-1)$ <u>et</u> $B_n(-1)$.   79

   1. Distribution du nombre des descentes sur $\mathfrak{S}'_n$ 79

   2. Applications aux polynômes eulériens   83

   3. Applications aux polynômes $B_n(t)$ 85

   4. Les développements de tg u et de 1/cos u   89

   5. Table des nombres d'Euler   90

RÉFÉRENCES   92

*

CHAPITRE 0

INTRODUCTION ET HISTORIQUE DES NOMBRES D'EULER.

1. **Bref historique sur les nombres d'Euler.**

On sait depuis Euler que la relation

$$\sum_{0 \leq n} (u^n/n!) \, A_n(t) = (1-t) / (-t + \exp(u(t-1))) \qquad (1)$$

définit des polynômes symétriques

$$A_0(t) = 1 \qquad \text{et}$$

$$A_n(t) = t^{n-1} A_n(t^{-1}) = \sum_{0 \leq k < n} A_{n,k} \, t^k \qquad (n > 0)$$

de degré n-1 dont les coefficients $A_{n,k}$ sont des entiers positifs de somme $A_n(1) = n!$.

Worpitzky [31] a donné la formule

$$x^n = \sum_{0 \leq k < n} A_{n,k} \begin{bmatrix} x+k \\ n \end{bmatrix} \qquad (2)$$

et Frobenius [13] qui a appelé les $A_n(t)$ **polynômes eulériens** a indiqué l'identité

$$A_n(t) = \sum_{0 \leq k < n} (n-k)! \, (t-1)^k \, S(n,n-k) \qquad (3)$$

dans laquelle $S(n,j)$ désigne les nombres de Stirling de deuxième espèce, c'est-à-dire le nombre de partitions en j classes d'un ensemble de n éléments. Une bibliographie de cette question a été rassemblée par Carlitz [4].

De par ailleurs, les polynômes eulériens apparaissent dans divers problèmes d'énumération concernant le groupe symétrique $\mathfrak{S}_n$ sur l'ensemble totalement ordonné $[n] = \{1, 2, \ldots, n\}$ ($= \emptyset$ pour $n = 0$). Ainsi, d'après (1), la somme alternée $(-1)^{p-1} A_{2p-1}(-1)$ est le coefficient de $u^{2p-1}/(2p-1)!$ dans le développement de tg u (voir chapitre V § 4 du présent article) et Désiré André [1], [2] (voir aussi [21] chap. 4) a découvert que ce dernier nombre est celui des permutations $\sigma \in \mathfrak{S}_{2p-1}$ qui sont <u>alternées</u>, c'est-à-dire telles que pour chaque $j \in [p-1]$, on ait à la fois $\sigma(2j) < \sigma(2j-1)$ et $\sigma(2j) < (2j+1)$.

Mac Mahon [19] a étudié le nombre $A'_{n,k}$ des $\sigma \in \mathfrak{S}_n$ telles que $j < \sigma(j)$ pour exactement k éléments $j \in [n]$ et, en application de son "Master Theorem", il a montré que $A'_{n,k}$ est aussi le nombre des $\sigma \in \mathfrak{S}_n$ qui possèdent k "<u>montées</u>", c'est-à-dire qui satisfont à $\sigma(j) < \sigma(j+1)$ pour exactement k valeurs $j \in [n-1]$. Carlitz et Riordan [7] ont reconnu que les $A'_{n,k}$ sont précisément les coefficients des polynômes eulériens et Riordan a généralisé ceux-ci au moyen de sa théorie des "rook polynomials". Appelons r-<u>excédance</u> de $\sigma \in \mathfrak{S}_n$ tout $j \in [n]$ tel que $j + r \leq \sigma(j)$ ($0 \leq r$) et soit ${}^r A_{n,k}$ le nombre des $\sigma \in \mathfrak{S}_n$ ayant k r-excédances (${}^1 A_{n,k} = A_{n,k}$) ; J. Riordan, dans le dernier chapitre de son livre [24] , considère avec des notations un peu différentes les polynômes

$$r_{A_n}(t) = \sum_{0 \leq k} r_{A_{n,k}} t^k \qquad (4)$$

et à leur sujet établit des extensions des formules (1) et (3) . D'autres généralisations sont dues à Carlitz et son école ([5] , [8] , [10]) .

Soit $|\Delta'M\sigma|$ le nombre des <u>montées</u> de $\sigma \in \mathfrak{S}_n$. Roselle [25] a calculé le polynôme $B_n(t)$ défini comme la somme de $t^{|\Delta'M\sigma|}$ étendue au sous-ensemble $\mathcal{G}_n$ des $\sigma \in \mathfrak{S}_n$ tels que $1 \neq \sigma(1)$ et $1 + \sigma(j) \neq \sigma(j+1)$ pour chaque $j \in [n-1]$. Il note que $B_n(1)$ est le nombre de permutations sans points fixes de $\mathfrak{S}_n$ et il constate que la somme alternée $(-1)^p B_{2p}(-1)$ est égale au coefficient de $u^{2p}/(2p)!$ dans le développement de $1/\cos u$, c'est-à-dire au 2p-ème <u>nombre d'Euler</u>. Or, on sait depuis longtemps que ce coefficient est le nombre des $\sigma \in \mathfrak{S}_{2p}$ tels que $\sigma(2p-1) < (2p)$ et $\sigma(2j-1) < \sigma(2j) > \sigma(2j+1)$ $(j \in [p-1])$, ([1] , [14]) , ceci étant d'ailleurs un cas particulier d'une formule plus générale due à Entringer [11] et dans une direction assez différente de la théorie des "runs up and down" développée par David et Barton à des fins statistiques [3] .

Enfin dans la théorie dite du "problème de Newcomb", on considère au lieu de l'ensemble <u>ordonné</u> [n] un ensemble <u>préordonné</u> quelconque X . Les énoncés y dépendent donc de façon cruciale de la structure de X , ce qui conduit à une problématique sensiblement différente, sauf si l'on réintroduit des hypothèses particulières sur X comme par exemple dans le cas des polynômes de Shanks [27] , des polynômes de Poussin [22] ou dans celui de la "spécification $(1^r(n-r))$" qui fait apparaître directement les entiers ${}^r A_{n,k}$. Hormis ce dernier cas, nous avons entièrement laissé de côté le problème de Newcomb qui nous eût entraîné fort loin des polynômes eulériens. Au demeurant, les mêmes techniques de base ont été employées récemment par l'un de nous ([9]) pour traiter le cas général et certaines de ses applications.

2. <u>Résumé du mémoire</u>.

Les théorèmes qui viennent d'être rappelés ont été, en règle générale, établis en utilisant conjointement quelques propriétés géométriques ("combinatoires") des permutations et les méthodes plus expéditives du calcul différentiel et intégral. En particulier, aucune connexion sauf la coïncidence de l'aboutissement de deux séries de calculs ne semble avoir été vue entre les sommes alternées $A_n(-1)$ et $B_n(-1)$ et la signification des polynômes $A_n(t)$ et $B_n(t)$ en termes d'excédances ou de montées.

Le but du présent mémoire est au contraire de développer la théorie géométrique sous-jacente et c'est de façon subsidiaire que nous en déduisons des identités entre séries ou polynômes. Nous nous sommes cependant attachés à toujours retrouver les résultats classiques. Dans de nombreux cas, cette approche évacue pratiquement tous les calculs : c'est ce qui se produit par exemple en ce qui concerne les formules reliant les polynômes

euleriens et les nombres de Stirling. Dans d'autres cas, nous obtenons
des séries d'identités nouvelles (par exemple les "formules sommatoires"
généralisant celle de Worpitzky données dans la section 6 du chapitre II
ou le théorème 5.6). Les méthodes du chapitre III contiennent implicitement
l'énumération du nombre des excédances pour les permutations dont les longueurs des cycles satisfont à des conditions de divisibilité données.

Plus important nous semble la démonstration du fait que toutes les
identités classiques concernant les polynômes eulériens sont seulement la
traduction de propriétés très simples des morphismes d'ensembles totalement
ordonnés finis. Pour l'essentiel, elles dérivent soit de méthodes élémentaires courantes comme l'inversion de Möbius ou la formule exponentielle,
soit d'une opération unique nouvelle $\sigma \to \hat{\sigma}$ appelée ici <u>transformation
fondamentale</u>, déjà introduite par l'un de nous ([12]) dans le cadre général
du problème de Newcomb. Simultanément, les énoncés que nous proposons,
expriment, en règle, des bijections entre ensembles. Ils sont donc plus
riches que les identités énumératives classiques auxquelles ils se réduisent quand, en fin de calcul, on substitue à ces ensembles le nombre de
leurs éléments.

Le chapitre I est consacré à l'étude détaillée des propriétés
de la transformation fondamentale. Celle-ci est une bijection de $\mathfrak{S}_n$ sur
lui-même ayant la propriété que l'ensemble des "excédances" de σ est
envoyé, de façon biunivoque, sur celui des "descentes" de $\hat{\sigma}$. Elle permet
ici d'établir que la distribution du nombre des excédances sur les permu-

tations de $\mathfrak{S}_n$ est la même que sur le sous-ensemble $\mathfrak{S}_{n+1}$ des <u>permutations circulaires</u> de $\mathfrak{S}_{n+1}$. Ce résultat est étendu dans le paragraphe 4, où nous employons les <u>bi-excédances</u> (c'est-à-dire les $j \in [n]$ tels que j soit <u>à la fois</u> strictement plus petit que $\sigma(j)$ et que $\sigma^{-1}(j)$) et les <u>creux</u> (c'est-à-dire les $j \in [n]$ tels que j soit <u>à la fois</u> strictement plus petit que $\sigma(j-1)$ et $\sigma(j+1)$) pour étudier les sommes alternées. Cette dualité pourrait être étendue à des constructions plus complexes sur lesquelles nous reviendrons peut-être dans un autre travail.

Dans le chapitre II, nous retrouvons et généralisons diverses formules de récurrence de Riordan et l'identité de Worpitzky, en application des résultats précédents et de la considération des <u>morphismes</u> $[n] \to [m]$ c'est-à-dire, puisque $[n]$ et $[m]$ sont des ensembles totalement ordonnés, des applications $\varphi : [n] \to [m]$ telles que $i \leq j$ implique $\varphi(i) \leq \varphi(j)$.

Dans le chapitre III, nous croyons utile de donner d'abord une théorie systématique de la formule exponentielle classique de Cauchy exprimant le groupe symétrique en fonction des permutations circulaires. Cette formule est un cas particulier d'une construction très générale permettant de ramener divers problèmes d'énumération à un problème analogue sur une sous-famille "génératrice" constituée par des objets "connexes". Afin de clarifier ces notions, nous donnons quelques énoncés sous une forme qui permettrait de traiter les énumérations d'arborescences. Retournant aux permutations, une application de cette formule et des résultats du chapitre I nous permet d'obtenir dans le chapitre IV la fonction génératrice exponentielle du nombre des r-excédances pour les permutations ayant une composition en cycles donnée.

Dans le chapitre V , nous établissons un théorème sur la distribution du nombre des montées pour les permutations ayant un nombre de creux fixé. De façon plus explicite, soit $\mathfrak{S}'_{n,k}$ l'ensemble des permutations $\sigma \in \mathfrak{S}_n$ ayant k creux et telles que $\sigma(1) = n$ $(0 < 2k \leq n)$; alors le nombre de $\sigma \in \mathfrak{S}'_{n,k}$ ayant j montées est donné par le coefficient binomial $\begin{bmatrix} n-2k \\ j \end{bmatrix}$ $(0 \leq j \leq n-2k)$. Nous déduisons de ce résultat les expressions des sommes alternées $A_n(-1)$ et $B_n(-1)$ en fonction du nombre des permutations alternées. En particulier, les développements de tg u et 1/cos u sont obtenus sans calcul à partir de l'expression des fonctions génératrices exponentielles des polynômes $A_n(t)$ et $B_n(t)$ données dans le chapitre IV.

Dans tout ce travail, étant donnés deux ensembles A et B finis et une application $\varphi : A \to B$, nous appellerons <u>ensemble pondéré</u> l'application $\varphi^\# : B \to \underset{\sim}{N}$ définie pour chaque $b \in B$ par $\varphi^\#(b) = \text{Card } \varphi^{-1}(b)$. Par abus de notation, on désignera par φA l'ensemble pondéré $\varphi^\#$ et il sera commode d'identifier φA et $\varphi^\#$ à l'élément $\Sigma\{\varphi^\#(b) . b : b \in B\}$ du $\underset{\sim}{Q}$-module libre de base B .

Nous sommes reconnaissants au Professeur J. Riordan de nous avoir fait bénéficier de ses conseils et de son érudition. La dactylographie de ce mémoire est due à Mademoiselle Cler, du Département de Mathématique de Strasbourg, que nous tenons à remercier.

CHAPITRE I

PROPRIÉTÉS GÉNÉRALES DES SYSTÈMES D'EXCÉDANCES ET DE MONTÉES.

1. **Excédances.**

Dans tout ce chapitre, nous utilisons la notation x_+ pour désigner la <u>partie positive</u> $x_+ = \text{Max}\{0,x\}$ de tout $x \in \mathbb{Z}$ et pour $\sigma \in \mathfrak{S}_n$, nous désignons pas σw le n-uple (ou vecteur) $(\sigma(1), \sigma(2), \ldots, \sigma(n)) \in \mathbb{N}^n$. Par conséquent $\sigma w = \emptyset$ pour $n = 0$.

DÉFINITION 1.1.

Pour $\sigma \in \mathfrak{S}_n$, le <u>système des</u> 0-<u>excédances</u> de σ est le n-uple $E\sigma = (E\sigma(1), E\sigma(2), \ldots, E\sigma(n)) \in \mathbb{N}^n$, où pour chaque $k \in [n]$, on pose

$$E\sigma(k) = (\sigma(k) - (k - 1))_+ \quad .$$

Par exemple, avec $n = 6$ et $\sigma w = (6,4,1,2,5,3)$, on a
$E\sigma = ((6-0)_+, (4-1)_+, (1-2)_+, (2-3)_+, (5-4)_+, (3-5)_+) = (6,3,0,0,1,0) \in \mathbb{N}^6$.

DÉFINITION 1.2.

Quelque soit l'entier $p > 0$, on note Δ, Δ' et $\Delta"$ les applications de $\mathbb{N}^p$ dans $\mathbb{N}^{p-1}$ envoyant respectivement chaque vecteur $x = (x_1, x_2, \ldots, x_p) \in \mathbb{N}^p$ sur

$$\Delta x = ((x_1 - 1)_+ , (x_2 - 1)_+ , \ldots, (x_{p-1}-1)_+)$$
$$\Delta' x = (x_2, x_3, \ldots, x_p) \qquad \text{et}$$
$$\Delta'' x = (x_1, x_2, \ldots, x_{p-1}) \quad .$$

Il est immédiat que les trois opérateurs Δ, Δ', Δ'' ainsi définis commutent deux à deux.

Prenant le même exemple que ci-dessus, on obtient

$E\sigma = (6,3,0,0,1,0) \quad (= \Delta^0 E\sigma = \Delta'^0 E\sigma = \Delta''^0 E\sigma)$;

$\Delta E\sigma = (5,2,0,0,0)$; $\Delta' E\sigma = (3,0,0,1,0)$; $\Delta'' E\sigma = (6,3,0,0,1)$;

$\Delta^2 E\sigma = (4,1,0,0)$; $\Delta\Delta' E\sigma = \Delta'\Delta E\sigma = (2,0,0,0)$; $\Delta'^2 E = (0,0,1,0)$,

etc... .

On notera que $\Delta E\sigma$ est simplement la suite
$((\sigma(1) - 1)_+ , (\sigma(2) - 2)_+ , \ldots, (\sigma(n - 1) - (n - 1))_+)$ et que plus généralement le vecteur $\Delta^r E$ décrit les <u>r-excédances</u> de σ mentionnées dans l'introduction. L'une des raisons motivant l'introduction de Δ' est contenue dans le lemme 1.4 ci-dessous. L'opérateur Δ'' permettra dans le deuxième chapitre de formuler une intéressante propriété de symétrie des polynômes eulériens (propriété 2.3) .

<u>Remarque</u> 1.3.

Pour $\sigma \in \mathfrak{S}_n$ et $k \in [n]$, on a $E\sigma(k) = 1$ si et seulement si $(\sigma(k) - k + 1)_+ = 1$, c'est-à-dire si $k = \sigma(k)$ est un <u>point fixe</u> de σ.

LEMME 1.4.

> Soit $\zeta \in \mathfrak{S}_n$ la permutation circulaire envoyant n sur 1 et chaque $k < n$ sur $k + 1$ ou encore la permutation définie par $\zeta w = (2, 3, \ldots, n, 1)$. Pour chaque $r \geq 0$ et chaque $\sigma \in \mathfrak{S}_n$ on a
>
> $$\Delta'^{r} E\sigma = \Delta^{r} E\sigma \zeta^{r} \quad .$$

PREUVE.

Posons $\sigma' = \sigma \zeta^{r}$. Pour chaque $k \in [n-r]$, on a $\sigma'(k) = \sigma(r+k)$. Donc on obtient $\Delta'^{r} E\sigma(k) = E\sigma(r+k) = (\sigma(r+k)+1-r-k)_+ = (\sigma'(k)+1-k-r)_+ =$
$= (\ (\sigma'(k)+1-k)_+ - r\ )_+ = \Delta^{r} E\sigma'(k) \quad .$

Q.E.D.

Ce simple résultat a la conséquence immédiate suivante qui nous servira fréquemment par la suite.

THÉORÈME 1.5.

> Quelque soit le monôme Γ de degré $r \geq 0$ en les applications Δ et Δ', les ensembles pondérés $\Delta^{r} E \mathfrak{S}_n$, $\Delta'^{r} E \mathfrak{S}_n$ et $\Gamma E \mathfrak{S}_n$ sont égaux.

PREUVE.

Puisque $\sigma \to \sigma \zeta^{r}$ est une bijection de $\mathfrak{S}_n$ sur lui-même, l'égalité $\Delta^{r} E \mathfrak{S}_n = \Delta'^{r} E \mathfrak{S}_n$ résulte immédiatement du lemme 1.4. Comme Δ et Δ' commutent, on peut écrire $\Gamma = \Delta^{s} \Delta'^{r-s}$, d'où $\Gamma E \mathfrak{S}_n = \Delta^{r} E \mathfrak{S}_n$.

Q.E.D.

2. Descentes et montées.

En parallèle avec les excédances, nous introduisons le système des 0-<u>descentes</u>, $D\sigma$, et des 0-<u>montées</u>, $M\sigma$, de $\sigma \in \mathfrak{S}_n$ par la définition suivante, dans laquelle on convient que $\sigma(0) = \sigma^{-1}(0) = \sigma(n+1) = 0$.

DÉFINITION 1.6.

Pour $\sigma \in \mathfrak{S}_n$, on pose

$$D\sigma = (\ D\sigma(1)\ ,\ D\sigma(2)\ ,\ \ldots,\ D\sigma(n)\ ) \in \mathbb{N}^n$$

$$M\sigma = (\ M\sigma(1)\ ,\ M\sigma(2)\ ,\ \ldots,\ M\sigma(n)\ ) \in \mathbb{N}^n$$

où pour chaque $k \in [n]$

$$D\sigma(k) = (\ \sigma(-1 + \sigma^{-1}(k)) - (k-1)\ )_+$$

$$M\sigma(k) = (\ \sigma(1 + \sigma^{-1}(k-1)) - (k-1)\ )_+ \quad .$$

Par exemple, prenant encore $\sigma w = (6,4,1,2,5,3)$, on obtient

$$D\sigma = (\ (4-0)_+\ ,\ (1-1)_+\ ,\ (5-2)_+\ ,\ (6-3)_+\ ,\ (2-4)_+\ ,\ (0-5)_+\ ) = (4,0,3,3,0,0)$$

et

$$M\sigma = (\ (6-0)_+\ ,\ (2-1)_+\ ,\ (5-2)_+\ ,\ (0-3)_+\ ,\ (1-4)_+\ ,\ (3-5)_+\ ) = (6,1,3,0,0,0)\ .$$

Par construction, tous les termes de $D\sigma$ sont nuls ou supérieurs ou égaux à 2. D'autre part, $D\sigma(n)$ est toujours nul. Par conséquent, $D\sigma$ et $\Delta D\sigma$ ont le même nombre de termes (strictement) positifs. Il est clair que $\Delta^r D\sigma$ et $\Delta^{r-1} M\sigma$ décrivent les différences supérieures ou égales à r ($r > 0$) entre termes consécutifs de σw, la connexion entre D et M étant explicitée dans le lemme 1.7 ci-dessous. Il est encore utile de noter que les termes positifs de $\Delta'^r D\sigma$ (ou de $\Delta'^r \Delta D\sigma$) correspondent aux paires $(j-1, j)$ ($0 \leq j-1$) telles que $\sigma(j-1) > \sigma(j) > r$.

LEMME 1.7.

   Soit $\sigma \to \tilde{\sigma}$ la bijection de $\mathfrak{S}_n$ sur lui-même définie par l'identité $\tilde{\sigma}(k) = \sigma(n+1-k)$ ($k \in [n]$). On a $M\tilde{\sigma}(1) = \sigma(n)$ et $M\tilde{\sigma}(k+1) = \Delta D\sigma(k)$ pour chaque $k \in [n-1]$.

PREUVE.

   Par définition $M\tilde{\sigma}(1) = (\tilde{\sigma}(1) - 0)_+ = \tilde{\sigma}(1)$ et $\tilde{\sigma}(1) = \sigma(n+1-1) = \sigma(n)$. Soit $k = \tilde{\sigma}(j)$ avec $k \in [n-1]$; on a alors $\tilde{\sigma}^{-1}(k) = j$ et $\sigma(n+1-j) = k$. D'où il vient

$$M\tilde{\sigma}(k+1) = (\tilde{\sigma}(1+j)-k)_+ = (\sigma(n-j)-k)_+ = (\sigma(-1+(n+1-j))-k)_+$$
$$= (\sigma(-1+\sigma^{-1}(k)) - (k-1)-1)_+ = \Delta D\sigma(k) \quad .$$

Q.E.D.

   Prenant σ comme dans l'exemple ci-dessus, on trouve
$\Delta D\sigma = (3,0,2,2,0)$, $\tilde{\sigma}w = (3,5,2,1,4,6)$ et $M\tilde{\sigma} = (3,3,0,2,2,0)$.

   La construction d'une bijection reliant E et M est l'objet des sections suivantes.

3. La transformation fondamentale.

Etant donnée une permutation $\sigma \in \mathfrak{S}_n$, l'ensemble $\sigma^*(k) = \{\sigma^p(k) : p \in \mathbb{N}\}$ est l'<u>orbite</u> contenant k ($k \in [n]$). On note $z(\sigma)$ le nombre des orbites de σ ou, de façon équivalente, le nombre des <u>cycles</u> de σ. A chaque $k \in [n]$, nous attachons la paire $\Pi_\sigma(k) = (\overline{k}, q_k)$ où $\overline{k}$ est l'élément maximum de l'orbite $\sigma^*(k)$ et où $q_k = \min\{p \in \mathbb{N} : \sigma^p(k) = \overline{k}\}$.

DÉFINITION 1.8.

Pour $\sigma \in \mathfrak{S}_n$, $\hat{\sigma}$ est la permutation telle que pour chaque k, $\Pi_\sigma(\hat{\sigma}(k))$ est le k-ième terme de la suite $(\Pi_\sigma(j))_{(j \in [n])}$ ordonnée par ordre lexicographique.

Par exemple, en prenant encore $\sigma w = (6,4,1,2,5,3)$, on a $z(\sigma) = 3$, les trois orbites étant $\{4,2\}$, le point fixe $\{5\}$ et $\{6,3,1\}$. Comme $4 = \sigma^0(4) = \sigma^1(2)$, puis $5 = \sigma^0(5)$ et enfin $6 = \sigma^0(6) = \sigma^1(1) = \sigma^2(3)$, la suite des $\Pi_\sigma(j)$, ordonnée suivant l'ordre lexicographique, est $((4,0), (4,1), (5,0), (6,0), (6,1), (6,2))$, d'où $\hat{\sigma w} = (4,2,5,6,1,3)$.

Rappelons qu'un élément x_k d'une suite $(x_1, x_2, \ldots, x_n) \in \mathbb{N}^n$ est dit <u>saillant</u> si et seulement s'il n'existe aucun élément d'indice inférieur qui soit supérieur ou égal à lui, c'est-à-dire si l'on a $x_{k'} < x_k$ pour tout $k' < k$. Donc par définition x_1 est toujours saillant.

LEMME 1.9.

<u>L'élément</u> k <u>de</u> $[n]$ <u>est maximum dans son orbite</u> $\sigma^*(k)$ (<u>c'est-à-dire</u> $\Pi_\sigma(k) = (k,0)$) <u>si et seulement si</u> k <u>est saillant dans</u> $\hat{\sigma w}$.

- 14 -

De plus, k est un point fixe de σ si et seulement si k = $\hat{\sigma}(j)$ avec soit j = n , soit j < n et σ(j+1) un autre élément saillant de $\hat{\sigma w}$.

PREUVE.

Soit $\Pi_\sigma(k)$ = $(\bar{k},q)$. Si et seulement si q est différent de 0 , l'entier k n'est pas l'élément maximum $\bar{k}$ de son orbite et k n'est pas saillant dans $\hat{\sigma w}$ puisque $\Pi_\sigma(\bar{k})$ = $(\bar{k},0)$ précède $\Pi_\sigma(k)$ dans l'ordre lexicographique, donc $\bar{k}$ précède k dans la suite $\hat{\sigma w}$.

Réciproquement, soient q = 0 et $\hat{\sigma}(j)$ = k . Ou bien on a j = 1 auquel cas k est saillant, ou bien j ≥ 2 , auquel cas pour tout j' < j , l'élément $\Pi_\sigma(\hat{\sigma}(j'))$ est avant l'élément $\Pi_\sigma(\hat{\sigma}(j))$ (=(k,0)) pour l'ordre lexicographique ; ce qui implique, en posant $\hat{\sigma}(j')$ = k' , que l'on a $\hat{\sigma}(j')$ = k' < $\bar{k}'$ < k = $\hat{\sigma}(j)$ et prouve l'équivalence entre les éléments maximaux des orbites de σ et les éléments saillants de $\hat{\sigma w}$.

Supposons maintenant k = $\bar{k}$ = $\hat{\sigma}(j)$. Si et seulement si k n'est pas un point fixe de σ , il est immédiatement suivi dans $\hat{\sigma w}$ d'un élément k' tel que $\Pi_\sigma(k')$ = (k,1) . Par conséquent, on a j < n et $\hat{\sigma}(j+1)$ = k' n'est pas saillant.

Q.E.D.

Dans ce qui suit $\mathfrak{S}'_n$ désigne l'ensemble des σ ∈ $\mathfrak{S}_n$ telles que σ(1) = n et $\mathfrak{C}_n$ est le sous-ensemble des permutations circulaires.

PROPRIÉTÉ 1.10.

L'application $\sigma \to \hat{\sigma}$ est bijective et satisfait à $\sigma(n) = \hat{\sigma}(n)$. Sa restriction à $\mathfrak{S}_n$ est une bijection sur $\mathfrak{S}'_n$.

PREUVE.

Etant donné $\tau \in \mathfrak{S}_n$, il existe un et un seul $\sigma \in \mathfrak{S}_n$ tel que $\tau = \hat{\sigma}$, car d'une part, les éléments saillants de τw livrent les éléments maximaux des orbites de σ d'après le précédent lemme, d'autre part, les restrictions de σ à chacune de ses orbites sont déterminées par la succession même des éléments de τw. Ceci établit le caractère bijectif de $\sigma \to \hat{\sigma}$. Comme $\tau(1)$ et n sont toujours des éléments saillants de τw, il est clair que $z(\sigma) = 1$ si et seulement si $\tau(1) = n$. Enfin, si l'on a $k = \sigma(n)$, c'est-à-dire $n = \sigma^{-1}(k)$, l'entier n est l'élément maximum de $\sigma^*(k)$ et par conséquent, $\Pi_\sigma(k) = (n, q_k)$ est le dernier terme de la suite $(\Pi_\sigma(j))_{(j \in [n])}$ ordonnée par ordre lexicographique, c'est-à-dire $k = \hat{\sigma}(n)$.

Q.E.D.

4. Relations entre les excédances et les descentes.

Nous allons donner une première application de la transformation fondamentale $\sigma \to \hat{\sigma}$. Aux 1-excédances de σ correspondent les 1-descentes de $\hat{\sigma}$, mais les 0-descentes de $\hat{\sigma}$ ne correspondent pas aux 0-excédances de σ. Ceci amène à introduire un vecteur $D'\hat{\sigma}$ tel que $D\hat{\sigma} + D'\hat{\sigma}$ ($= (D + D')\hat{\sigma}$) rende compte à la fois des descentes et des éléments saillants dans la suite $\hat{\sigma}w$ et qu'en outre l'identité $E\sigma = (D + D')\hat{\sigma}$ soit vérifiée.

DÉFINITION 1.11.

Pour $\tau \in \mathfrak{S}_n$, le vecteur $D'\tau$ est le n-uple
$((D'\tau(1), \ldots, D'\tau(n)) \in \mathbb{N}^n$, où pour $j \in [n]$, on pose

$D'\tau(j) = +1$ si d'une part, j est saillant et d'autre part, soit $j = n$, soit $j < n$ et $\tau(1 + \tau^{-1}(j))$ est aussi saillant ;

$D'\tau(j) = 0$ dans tous les autres cas.

THÉORÈME 1.12.

<u>On a identiquement</u>

$$E\sigma = (D + D')\hat{\sigma} \quad \underline{et} \quad \Delta E\sigma = \Delta\widehat{D\sigma} \quad .$$

PREUVE.

Quelque soit $\tau \in \mathfrak{S}_n$, remarquons d'abord que $j < n$ est saillant dans τw seulement si $\tau^{-1}(j) < n$.

Nous vérifions le résultat pour chaque $k = \hat{\sigma}(j) \in [n]$ en posant $\Pi_\sigma(k) = (\bar{k}, q)$ et en distinguant les cas suivants :

i) $q > 0$; on a alors $\hat{\sigma}(j-1) = k'$ où $\Pi_\sigma(k') = (\bar{k}, q-1)$, c'est-à-dire $k' = \sigma^{-(q-1)}(\bar{k}) = \sigma^{-(q-1)}(\sigma^q(k)) = \sigma(k)$. Donc par définition, on a $\widehat{D\sigma}(k) = (k' - (k-1))_+ = (\sigma(k) - (k-1))_+ = E\sigma(k)$ avec $\widehat{D\sigma}(k) = (D + D')\hat{\sigma}(k)$ puisque k n'est pas saillant.

ii) $q = 0$, c'est-à-dire $k = \bar{k}$. On a toujours $\widehat{D\sigma}(k) = 0$ car soit $j-1 = 0$, soit $j-1 > 0$ avec $k' = \hat{\sigma}(j-1)$ appartenant à une orbite dont l'élément maximum est strictement plus petit que $k = \bar{k}$. D'autre part,

$E\sigma(k) = 0$ ou 1 selon que $\sigma(k) \neq k$ ou non car $E\sigma(k) = (\sigma(k) - (k-1))_+$ où $\sigma(k) \leq k$ puisque $k = \bar{k}$. D'après la deuxième partie du lemme 1.9 et la définition de $D + D'$, on a donc $E\sigma(k) = 1$ si et seulement si $1 = (D + D')\hat{\sigma}(k) \neq D\hat{\sigma}(k) = 0$.

Q.E.D.

On remarquera que l'on a $(D + D')\tau(j) \neq D\tau(j)$ si et seulement si $D\tau(j) = 0$ et $(D + D')\tau(j) = 1$.

Exemple.

On a vu dans les exemples précédents que si $\sigma w = (6,4,1,2,5,3)$, on avait $E\sigma = (6,3,0,0,1,0)$ et $\hat{\sigma}w = (4,2,5,6,1,3)$. Comme les éléments successifs $\hat{\sigma}(3) = 5$ et $\hat{\sigma}(4) = 6$ sont saillants dans $\hat{\sigma}w$, on a $(D + D')\hat{\sigma}(5) = 1$. Il vient donc $(D + D')\hat{\sigma} = (6,3,0,0,1,0) = E\sigma$ et aussi $\Delta D\hat{\sigma} = (5,2,0,0,0) = \Delta E\sigma$.

5. Applications aux permutations alternées.

Une permutation $\sigma \in \mathfrak{S}_n$ est <u>alternée</u> si l'on a $\sigma(2j) < \sigma(2j-1)$, $\sigma(2j+1)$ pour tout entier j tel que $0 < 2j < n$ et si l'on a encore $\sigma(n) < \sigma(n-1)$ lorsque n est pair. D'autre part, elle est <u>biexcédée</u> si pour tout $j \in [n]$, on a $j < \sigma(j)$, $\sigma^{-1}(j)$ ou $j > \sigma(j)$, $\sigma^{-1}(j)$. Les ensembles des permutations <u>alternées</u> et <u>biexcédées</u> sont notés respectivement $\mathfrak{T}_n$ et $\mathfrak{B}_n$. Nous allons, dans cette section, utiliser la transformation fondamentale pour construire entre $\mathfrak{T}_n$ et $\mathfrak{B}_n$ une bijection qui servira au chapitre V.

LEMME 1.13.

Soit $k = \hat{\sigma}(j)$ $(j \in [n])$; *on a* $k < \sigma(k)$, $\sigma^{-1}(k)$ *si et seulement si* $j \neq 1$ *et soit* $j < n$ *et* $\hat{\sigma}(j) < \hat{\sigma}(j-1)$, $\hat{\sigma}(j+1)$, *soit* $j = n$ *et* $\hat{\sigma}(j) < \hat{\sigma}(j-1)$.

PREUVE.

L'hypothèse $k < \sigma(k)$ entraîne $k \neq \bar{k}$ où $\bar{k}$ est le maximum de l'orbite $\sigma^{*}(k)$. Donc $j \neq 1$ et $\hat{\sigma}(j-1) = \sigma(k)$ entraînant l'équivalence de $k < \sigma(k)$ et de $\hat{\sigma}(j) < \hat{\sigma}(j-1)$, puisque l'on a $\hat{\sigma}(j) > \hat{\sigma}(j-1)$ quand $k = \bar{k}$. Distinguons deux cas selon que $j = n$ ou non.

Si $j = n$, on a $\sigma^{-1}(k) = \bar{k} = n$, donc $k < \sigma^{-1}(k)$ et le résultat est prouvé.

Si $j \neq n$, ou bien $\sigma^{-1}(k) = \bar{k}$, auquel cas l'hypothèse $k < \sigma^{-1}(k)$ équivaut à $k = \hat{\sigma}(j) < \hat{\sigma}(j+1)$, puisque $\hat{\sigma}(j+1)$ est le maximum d'une autre orbite ; ou bien $\sigma^{-1}(k) \neq \bar{k}$, auquel cas $\hat{\sigma}(j+1) = \sigma^{-1}(k)$ et $k < \sigma^{-1}(k)$ équivaut à $\hat{\sigma}(j) < \hat{\sigma}(j+1)$.

Q.E.D.

PROPOSITION 1.14.

Toute permutation $\sigma \in \mathcal{B}_n$ *a tous ses cycles de longueur paire* ; *donc* $\mathcal{B}_n = \emptyset$ *si* n *est impair. La transformation fondamentale* $\sigma \to \hat{\sigma}$ *établit, lorsque* n *est pair, une bijection de* $\mathcal{B}_n$ *sur* $\mathcal{I}_n$.

PREUVE.

Dire que σ est biexcédée équivaut à dire que dans toute orbite de σ, d'élément maximum $\bar{k}$, on a identiquement $\sigma^{2p+1}(\bar{k}) < \sigma^{2p}(\bar{k})$,

$\sigma^{2p+2}(\bar{k})$ ($0 \leq p$). Ces inégalités impliquent d'abord que l'orbite n'est pas réduite à un seul élément ; supposons maintenant qu'elle ait un nombre impair d'éléments, disons 2q+1 (avec $q \geq 1$). Ces mêmes inégalités appliquées à p = q entraînent que l'on a $\bar{k} = \sigma^{2q+1}(\bar{k}) < \sigma^{2q}(\bar{k})$, ce qui est impossible puisque $\bar{k}$ est l'élément maximum dans son orbite. La permutation σ n'a donc que des cycles de longueur paire et par conséquent $\beta_n = \emptyset$ si n est impair.

La dernière partie de la proposition résulte du lemme 1.13 et des deux équivalences suivantes, qui découlent immédiatement de ce qui précède :

i) σ est dans β_{2p} si et seulement si les inégalités $k < \sigma(k)$, $\sigma^{-1}(k)$ sont satisfaites pour exactement p indices k ;

ii) τ est dans $\mathfrak{X}_{2p}$ si et seulement si, en posant $\tau(2p+1) = 2p+1$, les inégalités $\tau(j) < \tau(j-1)$, $\tau(j+1)$ sont vraies pour exactement p indices $j > 1$.

Q.E.D.

Exemple.

Nous donnons ci-dessous le tableau des cinq permutations biexcédées de $\mathfrak{S}_4$ et en face de chacune d'elles, la permutation alternée qui lui correspond par l'application fondamentale.

	i	1 2 3 4	1 2 3 4	i	
σ(i)					σ(i)
		2 1 4 3	2 1 4 3		
		3 4 1 2	3 1 4 2		
β_4		4 3 2 1	3 2 4 1		$\mathfrak{X}_4$
		4 3 1 2	4 1 3 2		
		3 4 2 1	4 2 3 1		

6. Relations entre les excédances et les montées.

Toujours au moyen de la transformation fondamentale, nous construisons une bijection $\sigma \to \bar{\sigma}$ telle que $E\sigma = M\bar{\sigma}$.

Soit en effet $\sigma \in \mathfrak{S}_n$ et notons ζ la permutation circulaire définie dans le lemme 1.4 ($\zeta w = (2, 3, \ldots, n, 1)$). On pose successivement

$$\sigma_1 = \sigma\zeta$$

puis $\quad\quad\quad \sigma_2 = \hat{\sigma}_1 \quad$ (transformation fondamentale),

et enfin $\quad\quad \bar{\sigma} = \tilde{\sigma}_2 \quad$ (où $\sim$ est défini dans le lemme 1.7).

On a alors :

THÉORÈME 1.15.

L'application $\sigma \to \bar{\sigma}$ _est une bijection de_ $\mathfrak{S}_n$ _sur lui-même satisfaisant à_

$$E\sigma = M\bar{\sigma} .$$

PREUVE.

Le caractère bijectif est évident d'après ce qui précède. Ensuite, on a $E\sigma(1) = \sigma(1) = \sigma_1(n)$ et on vérifie que $E\sigma(j+1) = \Delta E\sigma_1(j)$ pour chaque $j \in [n-1]$. D'après la propriété 1.10, on a $\sigma_2(n) = \sigma_1(n)$ et d'après le théorème 1.12, il vient $\Delta E\sigma_1 = \Delta D\sigma_2$. Par conséquent, en utilisant le lemme 1.7, on a bien $E\sigma = M\bar{\sigma}$.

Q.E.D.

Par exemple, partant de $\sigma w = (6,4,1,2,5,3)$, on a
$E\sigma = (6,3,0,0,1,0)$, puis $\sigma_1 w = (4,1,2,5,3,6)$ et $\sigma_2 w = (5,4,1,2,3,6)$;
enfin $\overline{\sigma}w = (6,3,2,1,4,5)$. Comme on a $\Delta E\sigma_1 = \Delta D\sigma_2 = (3,0,0,1,0)$, on vérifie bien que $M\overline{\sigma} = E\sigma$.

On a noté que $E\sigma(k) = 1$ si et seulement si $\sigma(k) = k$. Par conséquent, la restriction de $\sigma \to \overline{\sigma}$ au sous-ensemble $\mathcal{D}_n$ des permutations <u>sans points fixes</u> est une bijection sur le sous-ensemble des $\overline{\sigma} \in \mathfrak{S}_n$ telles que $M\overline{\sigma}(j) \neq 1$, c'est-à-dire des $\overline{\sigma}$ telles que $\overline{\sigma}(1) \neq 1$ et $1 + \overline{\sigma}(j) \neq \overline{\sigma}(j+1)$ pour chaque $j \in [n-1]$. L'ensemble de ces permutations $\overline{\sigma}$ n'est autre que la classe, que nous noterons $\mathcal{G}_n$ des permutations <u>sans successions</u>. On a donc

COROLLAIRE 1.16.

<u>La restriction de $\sigma \to \overline{\sigma}$ à l'ensemble $\mathcal{D}_n$ des permutations sans points fixes est une bijection sur l'ensemble $\mathcal{G}_n$ des permutations sans successions telles que $E\sigma = M\overline{\sigma}$</u>.

7. <u>Relations avec les permutations circulaires.</u>

Pour terminer ce chapitre, il nous reste à étudier la distribution des vecteurs-excédances sur l'ensemble $\mathfrak{S}_n$. Combinant d'abord les résultats de la propriété 1.10 et du théorème 1.12, nous avons déjà la

PROPRIÉTÉ 1.17.

<u>La restriction de la transformation fondamentale $\sigma \to \hat{\sigma}$ à l'ensemble $\mathfrak{S}_n$ est une bijection sur $\mathfrak{S}'_n$ telle que $\Delta E\sigma = \Delta D\hat{\sigma}$</u>.

Nous construisons ensuite une bijection $\sigma \to \sigma'$ de $\mathfrak{S}''_n = \{\sigma \in \mathfrak{S}_n : \sigma(n) = 1\}$ sur $\mathfrak{S}'_n$ telle que $\Delta E\sigma = \Delta D\sigma'$. Si σ est dans $\mathfrak{S}''_n$, on pose $i = \hat{\sigma}^{-1}(n)$ et σ' est défini comme l'unique permutation telle que

$$\sigma'w = (\hat{\sigma}(i), \hat{\sigma}(i+1), \ldots, \hat{\sigma}(n), \hat{\sigma}(1), \ldots, \hat{\sigma}(i-1)) \ .$$

LEMME 1.18.

L'application $\sigma \to \sigma'$ **est une bijection de** $\mathfrak{S}''_n$ **sur** $\mathfrak{S}'_n$ **satisfaisant à** $\Delta E\sigma = \Delta D\sigma'$.

PREUVE.

D'après la propriété 1.10, on a $\sigma(n) = \hat{\sigma}(n)$ et par conséquent $\hat{\sigma}$ est dans $\mathfrak{S}''_n$. Il est clair que $\sigma \to \sigma'$ est bijectif. En outre, $\Delta E\sigma = \Delta D\hat{\sigma}$ d'après le théorème 1.12. Il suffit donc de vérifier $\Delta D\sigma'(k) = \Delta D\hat{\sigma}(k)$ pour chaque $k \in [n]$.

Distinguons d'abord deux cas particuliers :

i) $k = \hat{\sigma}(1)$. On a $k = \sigma'(n-i+2)$ avec $\sigma'(n-i+1) = \hat{\sigma}(n) = 1$. Donc $\Delta D\hat{\sigma}(k) = (0-k)_+$ et $\Delta D\sigma'(k) = (1-k)_+$ sont nuls.

ii) $k = \hat{\sigma}(i) = n$. On a encore $\Delta D\hat{\sigma}(k) = (\hat{\sigma}(i-1)-n)_+ = 0$ et aussi, puisque $n = \sigma'(1)$, $\Delta D\sigma'(k) = (0-n)_+ = 0$.

Dans le cas général où $k = \hat{\sigma}(j+1) \neq n$ ($j \in [n-1]$), on a $k = \sigma'(j'+1)$ avec $j' = j-i+1$ ou $n+j-i+1$ selon que $j \geq 1$ ou non.

Dans ces deux cas, on a $\hat{\sigma}(j) = \sigma'(j')$ et par conséquent, $(\hat{\sigma}(j) - k)_+$ est la valeur commune de $\Delta D\hat{\sigma}(k)$ et $\Delta D\sigma'(k)$.

Q.E.D.

Ce lemme permet la construction suivante :

Soit $\sigma \in \mathfrak{S}_{n-1}$; on définit $\sigma_1 \in \mathfrak{S}''_n$ en posant

$$\sigma_1(n) = 1 \text{ et } \sigma_1(k) = 1 + \sigma(k) \quad \text{pour chaque}$$

$k \in [n-1]$; puis l'on pose

$$\sigma_2 = \sigma'_1 \quad \text{où } \tau \to \tau' \text{ est la bijection définie dans le lemme 1.18 ;}$$

enfin,

$$\sigma'' \text{ est la permutation définie par } \hat{\sigma}'' = \sigma_2 \ .$$

THÉORÈME 1.19.

L'application $\sigma \to \sigma''$ *est une bijection de* $\mathfrak{S}_{n-1}$ *sur* $\mathfrak{S}_n$ *telle que* $E\sigma = \Delta E\sigma''$.

PREUVE.

Tout d'abord la bijectivité de $\sigma \to \sigma''$ est évidente. Si σ est dans $\mathfrak{S}_{n-1}$, on a ensuite $\sigma_1 \in \mathfrak{S}''_n$ et $E\sigma(k) = (\sigma(k) - (k-1))_+ = (\sigma_1(k)-k)_+ = \Delta E\sigma_1(k)$ pour chaque $k \in [n-1]$ d'où il résulte $E\sigma = \Delta E\sigma_1$. D'autre part, d'après le lemme 1.18, on a $\sigma_2 \in \mathfrak{S}'_n$ et $E\sigma = \Delta E\sigma_1 = \Delta D\sigma_2$. Enfin, en vertu de $\sigma_2 \in \mathfrak{S}'_n$, la propriété 1.17 montre que l'on a $\sigma'' \in \mathfrak{S}_n$ et $\Delta E\sigma'' = \Delta D\sigma_2$.

Q.E.D.

8. Tableau des bijections utilisées.

Il paraît intéressant de rappeler les propriétés des bijections construites dans le premier chapitre et d'indiquer leur référence.

La bijection	envoie	sur	propriété	référence
$\sigma \to \sigma\zeta^r$	$\mathfrak{S}_n$	$\mathfrak{S}_n$	$\Delta'^r E\sigma = \Delta^r E\sigma\, \zeta^r$ ($r \geq 0$)	Lemme 1.4.
$\sigma \to \tilde{\sigma}$	$\mathfrak{S}_n$	$\mathfrak{S}_n$	$M\sigma(1) = \sigma(n)$ et $M\sigma(k+1) = \Delta D\sigma(k)$ ($k \in [n-1]$)	Lemme 1.7.
$\sigma \to \hat{\sigma}$	$\mathfrak{S}_n$ $\mathfrak{C}_n$ $\mathfrak{S}_n$ $\mathfrak{B}_n$ (n pair)	$\mathfrak{S}_n$ $\mathfrak{S}'_n$ $\mathfrak{S}_n$ $\mathfrak{T}_n$ (n pair)	$E\sigma = (D+D')\hat{\sigma}$ $\Delta E\sigma = \Delta D\hat{\sigma}$	Définition 1.8. Proposition 1.10. Théorème 1.12. Proposition 1.14.
$\sigma \to \bar{\sigma}$	$\mathfrak{S}_n$ $\mathfrak{D}_n$	$\mathfrak{S}_n$ $\mathfrak{G}_n$	$E\sigma = M\bar{\sigma}$	Théorème 1.15. Corollaire 1.16.
$\sigma \to \sigma''$	$\mathfrak{S}''_n$	$\mathfrak{S}'_n$	$\Delta E\sigma = \Delta D\sigma'$	Lemme 1.18.
$\sigma \to \sigma''$	$\mathfrak{S}_{n-1}$	$\mathfrak{C}_n$	$E\sigma = \Delta E\sigma''$	Théorème 1.19.

9. Notations générales.

Nous réunissons dans cette section toutes les notations utilisées pour les sur- et sous-ensembles de $\mathfrak{S}_n$. Pour $n > 0$ et $0 < k, r \leq n$, on considère les sous-ensembles suivants de $\mathfrak{S}_n$:

$\mathfrak{C}_n$ l'ensemble des permutations <u>circulaires</u> ; ($\mathfrak{C}_o = \emptyset$) .

$\mathcal{G}_n$ l'ensemble des permutations <u>sans successions</u>, c'est-à-dire des $\sigma \in \mathfrak{S}_n$ telles que $1 \neq \sigma(1)$ et $1 + \sigma(j) \neq \sigma(j+1)$ pour $j \in [n-1]$;

$\mathcal{D}_n$ l'ensemble des permutations <u>sans points fixes</u> ;

$\mathfrak{T}_n$ l'ensemble des <u>permutations alternées</u>, c'est-à-dire des $\sigma \in \mathfrak{S}_n$ telles que $\sigma(2j) < \sigma(2j-1)$, $\sigma(2j+1)$ pour tout entier j tel que $0 < 2j < n$ et en plus si n est pair, telles que $\sigma(n) < \sigma(n-1)$;

$\mathcal{B}_n$ l'ensemble des permutations <u>biexcédées</u>, c'est-à-dire des $\sigma \in \mathfrak{S}_n$ telles que pour chaque $j \in [n]$, on ait $j < \sigma(j)$, $\sigma^{-1}(j)$ ou $j > \sigma(j)$, $\sigma^{-1}(j)$;

$\mathfrak{S}_{n,k}$ l'ensemble des permutations $\sigma \in \mathfrak{S}_n$ telles que $\sigma(1) = k$;
$\mathfrak{S}'_n = \mathfrak{S}_{n,n}$;

$\mathfrak{S}''_n$ l'ensemble des permutations $\sigma \in \mathfrak{S}_n$ telles que $\sigma(n) = 1$.

$_r\mathfrak{S}_n$ l'ensemble des permutations $\sigma \in \mathfrak{S}_n$ telles que $\sigma^{-1}(n-r+1) < \sigma^{-1}(n-r+2) < \ldots < \sigma^{-1}(n)$.

On posera également $\mathfrak{S} = \bigcup_{0 \leq n} \mathfrak{S}_n$; puis $\mathfrak{C} = \cup \mathfrak{C}_n$, $\mathcal{G} = \cup \mathcal{G}_n$, $\mathfrak{T} = \cup \mathfrak{T}_n$, $\mathcal{B} = \cup \mathcal{B}_n$ et $\mathcal{D} = \cup \mathcal{D}_n$ où la réunion est étendue à l'ensemble des entiers $n > 0$.

Enfin, on utilise les notations courantes suivantes :

$\mathbb{N}$ l'ensemble des entiers naturels 0, 1, 2, ...

$\mathbb{Z}$ l'ensemble des entiers

$\mathbb{Q}$ l'ensemble des nombres rationnels.

*

CHAPITRE II

LES POLYNÔMES EULÉRIENS

1. Interprétation des polynômes eulériens.

Les théorèmes 1.12, 1.15, 1.19 et la propriété 1.17 permettent d'établir immédiatement l'égalité des cinq ensembles pondérés :

$$E\mathfrak{S}_n \ , \ (D+D')\mathfrak{S}_n \ , \ M\mathfrak{S}_n \ , \ \Delta E\,\mathfrak{C}_{n+1} \ , \ \Delta D\,\mathfrak{S}'_{n+1} \ ;$$

et le théorème 1.12 donne encore :

$$\Delta E\,\mathfrak{S}_n = \Delta D\,\mathfrak{S}_n \quad .$$

La propriété 2.1 suivante résulte alors du théorème 1.5 :

PROPRIÉTÉ 2.1.

Soit Γ un monôme en Δ et Δ' de degré $r \geq 0$. On a

$$\Gamma E\,\mathfrak{S}_n = \Gamma(D+D')\mathfrak{S}_n = \Gamma M\mathfrak{S}_n = \Gamma\Delta E\,\mathfrak{C}_{n+1} = \Gamma\Delta D\,\mathfrak{S}'_{n+1}$$

où en outre

$$\Gamma E\,\mathfrak{S}_n = \Gamma D\,\mathfrak{S}_n$$

si et seulement si Γ a au moins un Δ comme facteur.

Nous notons $|x|$ le nombre de termes positifs de tout $x \in \mathbb{N}^p$ et, introduisant une indéterminée t, nous posons $\theta x = t^{|x|}$. Si K est une application dans $\mathbb{N}^p$ d'une partie P de $\mathfrak{S}_n$, l'ensemble pondéré $\theta K P = \Sigma \{\theta K \sigma : \sigma \in P\} = \underset{0 \leq k}{\Sigma} t^k$. Card $\{\sigma \in P : |K\sigma| = k\}$ sera appelé, par abus de langage, <u>fonction génératrice</u> de K. Pour P fini, $\theta K P$ sera donc un polynôme en t à coefficients dans $\mathbb{N}$ et nous dirons que (P,K) est une <u>interprétation</u>.

Les polynômes eulériens $A_n(t)$ et leurs généralisations ${}^r A_n(t)$ selon Riordan sont définis par :

$${}^r A_n(t) = \theta \Delta^r E \, \mathfrak{S}_n \qquad \text{pour } 0 \leq r < n \quad .$$

On conviendra que ${}^r A_n(t) = n!$ pour $r \geq n$. On posera $A_0(t) = 1$ et $A_n(t) = {}^1 A_n(t)$ pour $n > 0$. Par construction, les ${}^r A_n(t)$ sont des polynômes de degré au plus égal à $n-r$. L'énoncé suivant en donne plusieurs interprétations par simple application de la propriété précédente.

PROPRIÉTÉ 2.2.

<u>Soit</u> Γ <u>un monôme en</u> Δ <u>et</u> Δ' <u>de degré</u> r . <u>On a</u>

$${}^r A_n(t) = \theta \Gamma E \, \mathfrak{S}_n = \theta \Gamma (D+D') \mathfrak{S}_n = \theta \Gamma M \, \mathfrak{S}_n = \theta \Gamma \Delta E \, \mathfrak{S}_{n+1} = \theta \Gamma \Delta D \, \mathfrak{S}'_{n+1}$$

<u>où en outre</u>, ${}^r A_n(t) = \theta \Gamma D \, \mathfrak{S}_n$ <u>si et seulement si</u> Γ <u>a au moins un</u> Δ <u>comme facteur</u>.

De même, d'après le corollaire 1.16 , on a l'égalité entre les ensembles pondérés $E \mathcal{D}_n$ et $M \mathcal{G}_n$, d'où encore

$$\theta E \mathcal{D}_n = \theta M \mathcal{G}_n \quad \text{pour } n > 0 \quad .$$

La valeur commune de ces deux derniers polynômes sera désignée par $B_n(t)$. L'interprétation $(\mathcal{G}_n , M)$ de ces polynômes est due à Roselle [25] . L'interprétation $(\mathcal{D}_n , E)$ servira à établir au chapitre IV l'expression de la fonction génératrice exponentielle des $B_n(t)$.

2. Propriétés de symétrie.

Les identités (1) et (4) ci-dessous sont bien connues (Cf. Riordan [24]). Nous en donnons ici des démonstrations élémentaires. Les polynômes $^r A_n(t)$ pour $r > 1$ n'ont pas de propriété de symétrie évidente. En revanche, si l'on forme les polynômes réciproques $t^{n-r}\, ^r A_n(t^{-1})$, on obtient plusieurs interprétations (Cf. les relations (2) et (3) ci-dessous) qui nous serviront effectivement dans les sections 2.4 et 2.6 , pour établir des connexions avec le problème de Simon Newcomb et pour démontrer de nouvelles identités sur les polynômes eulériens.

PROPRIÉTÉ 2.3.

Pour $n > 0$, on a :

$$^0 A_n(t) = t\, A_n(t) \quad . \qquad (1)$$

De plus, si Γ est un monôme de la forme $\Delta''^{r-1}\Delta$ ou $\Delta''^{r-1}\Delta'$ $(r > 0)$, on a

$$t^{n-r} \, {}^r A_n(t^{-1}) = \theta \Gamma E \, \mathfrak{S}_n = \theta \Gamma (D+D') \mathfrak{S}_n = \theta \Gamma M \, \mathfrak{S}_n \quad . \qquad (2)$$

On a encore

$$t^{n-r} \, {}^r A_n(t^{-1}) = \theta \Delta'^{r-1} \Delta D \, \mathfrak{S}_n \quad , \qquad (3)$$

d'où en particulier, pour $r = 1$

$$t^{n-1} A_n(t^{-1}) = A_n(t) \quad . \qquad (4)$$

PREUVE.

Soit $\sigma \in \mathfrak{S}_n$; définissant $\check{\sigma}$ par l'identité $\check{\sigma}(k) = n+1 - \sigma(n+1-k)$, l'on a $E\check{\sigma}(k) = 1$ si et seulement si $E\sigma(n+1-k) = 1$ et $E\check{\sigma}(k) > 1$ si et seulement si $E\sigma(n+1-k) = 0$. Dans ces conditions, il vient $|E\check{\sigma}| + |\Delta E\sigma| = n$, ce qui établit

$$^0 A_n(t) = t^n A_n(t^{-1}) \quad . \qquad (5)$$

D'autre part, la relation entre les vecteurs $E\check{\sigma}$ et $E\sigma$ peut encore s'exprimer par la condition

$$\Delta E\check{\sigma}(k) > 0 \text{ si et seulement si } \Delta'E\sigma(n-k) = 0 \text{ pour } 1 \leq k < n. \quad (6)$$

Mais la condition (6) est encore équivalente à

$$|\Delta'^{r-1} \Delta E\check{\sigma}| + |\Delta''^{r-1} \Delta' E\sigma| = n-r$$

ou encore à

$$|\Delta''^{r-1}\Delta E \overset{\vee}{\sigma}| + |\Delta'^{r}E\sigma| = n-r \quad .$$

On en déduit :

$$\theta\Delta''^{r-1}\Delta E \mathfrak{S}_n = t^{n-r} \sum_{0 \leq k} t^{-k} \operatorname{Card} \{\sigma \in \mathfrak{S}_n : |\Delta'^{r}E\sigma| = k\}$$

$$= t^{n-r} \, {}^{r}A_n(t^{-1})$$

d'après la propriété 2.2 .

Les relations (2) et (3) résultent alors de la propriété 2.1 et faisant $r = 1$ dans (3), on obtient $t^{n-1} A_n(t^{-1}) = \theta\Delta D \, \mathfrak{S}_n = A_n(t)$, c'est-à-dire la relation (4). Enfin, l'identité (2) résulte à la fois de (4) et de (5) .

Q.E.D.

<u>Remarque</u> 2.4.

D'après la définition 1.6 , pour $1 \leq r \leq n$ et $\sigma \in \mathfrak{S}_n$, il y a exactement $|\Delta'\Delta''^{r-1}M\sigma|$ indices i tels que $1 \leq i < n$, $\sigma(i) < \sigma(i+1)$ et $\sigma(i) < n-r$. Comme on a posé d'autre part

$$^{r}A_n(t) = \sum_{0 \leq k \leq n-r} {}^{r}A_{n,k} \, t^k$$

et que d'après la propriété 2.3 , on a

$$\theta \Delta' \Delta''^{r-1} M \mathfrak{S}_n = t^{n-r} \; {}^r A_n(t^{-1}) = \sum_{0 \leq s \leq n-r} {}^r A_{n,n-r-s} \; t^s \quad ,$$

il vient :

$${}^r A_{n,n-r-s} = \text{Card } \{\sigma \in \mathfrak{S}_n : |\Delta'\Delta''^{r-1}M\sigma| = s\} \quad \text{pour} \quad 0 \leq s \leq n-r \quad .$$

Cette remarque nous servira au paragraphe 6 du présent chapitre.

3. Relations de récurrence.

Dans cette section, nous établissons une relation de récurrence sur les polynômes eulériens qui généralise l'identité (1) ci-dessus et redémontrons la relation de récurrence trouvée par Riordan [24] .

PROPRIÉTÉ 2.5.

Pour $0 \leq r \leq n$, on a l'identité

$$t \cdot {}^{(r+1)}A_n(t) = {}^r A_n(t) + r(t-1) \cdot {}^r A_{n-1}(t) \quad .$$

PREUVE.

Pour $r = 0$, l'identité se réduit à $t \; A_n(t) = {}^0 A_n(t)$. Pour $r = n$, elle est encore vraie avec la convention que nous avons faite que ${}^r A_n(t) = n!$ quand $r \geq n$. Nous supposons donc $0 < r < n$. Pour chaque $\sigma \in \mathfrak{S}_n$, on a

$$\Delta^r E \sigma = (\; (\sigma(1)-r)_+ \; , \; (\sigma(2) - r-1)_+ \; , \; \ldots, \; (\sigma(n-r) - (n-1))_+ \;)$$

et $\Delta'\Delta^r E\sigma$ est formé des $n-r-1$ derniers termes de $\Delta^r E\sigma$. Donc $|\Delta^r E\sigma| - |\Delta'\Delta^r E\sigma| = 0$ ou 1 selon que $(\sigma(1) - r)_+ = 0$ ou non, c'est-à-dire selon que $\sigma(1) \leq r$ ou non. Posant

$$\mathfrak{S}_{n,s} = \{\sigma \in \mathfrak{S}_n : \sigma(1) = s\} \quad,$$

il en résulte que

$$\theta \Delta^r E \, \mathfrak{S}_{n,s} = \theta \Delta'\Delta^r E \, \mathfrak{S}_{n,s} \qquad \text{si } s \leq r$$

$$= t \, \theta \Delta'\Delta^r E \, \mathfrak{S}_{n,s} \qquad \text{si } s > r \quad.$$

Utilisant ces deux relations ainsi que les égalités

$$^r A_n(t) = \theta \Delta^r E \, \mathfrak{S}_n = \sum_s \theta \Delta^r E \, \mathfrak{S}_{n,s}$$

et

$$^{(r+1)} A_n(t) = \theta \Delta'\Delta^r E \, \mathfrak{S}_n = \sum_s \theta \Delta'\Delta^r E \, \mathfrak{S}_{n,s} \quad,$$

on obtient

$$^r A_n(t) - P = t(^{(r+1)} A_n(t) - P) \quad \text{où } P \text{ désigne la valeur}$$

commune des sommes sur $s \leq r$ de $\theta \Delta^r E \, \mathfrak{S}_{n,s}$ et $\theta \Delta'\Delta^r E \, \mathfrak{S}_{n,s}$.

Attachons maintenant à chaque $\sigma \in \mathfrak{S}_{n,s}$, la permutation $\sigma' \in \mathfrak{S}_{n,1}$ telle que

$$\sigma'(1) = 1 \quad;\quad \sigma'(\sigma^{-1}(1)) = s \quad;\quad \sigma'(k) = \sigma(k) \quad \text{autrement.}$$

Si et seulement si $s \leq r$, on a $\Delta^r E\sigma' = \Delta^r E\sigma$. Par conséquent, on a
$P = r \, \theta\Delta^r E \, \mathfrak{S}_{n,1} = r \, \theta\Delta^r \Delta' E \, \mathfrak{S}_{n,1} = r \; ^rA_{n-1}(t)$ d'après la propriété 2.2 et l'on obtient enfin l'identité cherchée sous la forme équivalente
$$^rA_n(t) - r \; ^rA_{n-1}(t) = t(\; ^{(r+1)}A_n(t) - r \; ^rA_{n-1}(t) \;) \;.$$

Q.E.D.

<u>Remarque 2.6.</u>

Riordan ([24] p. 214) a trouvé une autre relation de récurrence, à savoir

$$^rA_n(t) = [r + (n-r)t] \cdot \; ^rA_{n-1}(t) + t(1-t) \cdot \; ^rA'_{n-1}(t) \qquad (7)$$

$(0 \leq r \leq n \; ; \; 1 \leq n)$

où $^rA'_{n-1}(t)$ désigne la dérivée du polynôme $^rA_{n-1}(t)$. Comme on a posé

$$^rA_n(t) = \sum_{0 \leq k \leq n-r} \; ^rA_{n,k} \, t^k \quad,$$

cette relation de récurrence est encore équivalente aux $(n-r+1)$ relations suivantes (Cf. [24] p. 215)

$$^rA_{n,k} = (k+r) \cdot \; ^rA_{n-1,k} + (n+1-k-r) \cdot \; ^rA_{n-1,k-1} \qquad (8)$$

$(0 \leq k \leq n-r)$

où l'on a posé $^rA_{n,k} = 0$ si $k < 0$ ou $k > n-r$.

Comme l'a noté Welschinger [30], on peut redémontrer facilement (8) et par suite (7) en prenant les polynômes eulériens dans l'interprétation

$$^r A_n(t) = \theta \Delta^{,r-1} \Delta D \, \mathfrak{S}_n \quad .$$

En effet, on vérifie tout d'abord que les relations (8) sont vraies pour $n = r$, en notant que $^n A_{n,0} = n!$ et $^n A_{n,k} = 0$ pour $k \neq 0$. On suppose ensuite $0 \le r < n$ et l'on pose pour $i \in [n]$ et $\sigma \in \mathfrak{S}_{n-1}$

$$\eta_i(\sigma) = (\sigma(1), \ldots, \sigma(i-1), n, \sigma(i), \ldots, \sigma(n-1)) \quad .$$

Il est clair que l'on a

$$\mathfrak{S}_n = \{\eta_i(\sigma) : i \in [n], \sigma \in \mathfrak{S}_{n-1}\} \quad .$$

Soit $\sigma \in \mathfrak{S}_{n-1}$; on a $|\Delta^{,r-1} \Delta D \sigma| = k$ [en abrégé : $\sigma \in {}^r G_{n-1,k}$] si et seulement s'il existe k couples $(j-1,j)$ tels que $1 \le j-1$ et $\sigma(j-1) > \sigma(j) \ge r$.

Prenons σ dans ${}^r G_{n-1,k}$; on observe alors que $\eta_i(\sigma)$ appartient à ${}^r G_{n,k}$ pour les seuls indices i suivants

(i) $1 \le i-1$ et $\sigma(i-1) > \sigma(i) \ge r$;
(ii) $i \in [n-1]$ et $\sigma(i) < r$;
(iii) $i = n$,

c'est-à-dire pour exactement $k + (r-1) + 1 = k + r$ indices $i \in [n]$. Pour les autres $n - (k+r)$ indices i ne satisfaisant à aucune des conditions (i), (ii), (iii), on a

$$\eta_i(\sigma) \in {}^r G_{n,k+1} \quad .$$

On constate donc que l'ensemble ${}^r G_{n,k}$ est contenu dans la réunion $\cup \{\eta_i({}^r G_{n-1,k} \cup {}^r G_{n-1,k-1}) : i \in [n]\}$. On voit ensuite que la relation

$$\eta_i(\sigma) \in {}^r G_{n,k}$$

est vérifie pour exactement (k+r) indices i si σ est dans ${}^r G_{n-1,k}$ et pour exactement $n - (k-1+r) = n+1-k-r$ indices i si σ est dans ${}^r G_{n-1,k-1}$. Les relations (8) sont ainsi démontrées.

4. Relations avec le "problème de Simon Newcomb".

Nous allons exploiter maintenant le lien entre les polynômes ${}^r A_n(t)$ et les polynômes générateurs que l'on définit pour le "problème de Simon Newcomb avec une spécification $(1^r(n-r))$" (voir Mac Mahon [20], vol. 1, chap. 4 et 5). Dans la preuve de la propriété qui suit, nous considérons σ comme le mot $\sigma(1) \sigma(2) \ldots \sigma(n)$ dont les lettres sont des éléments de $[n]$.

PROPRIÉTÉ 2.7.

Soit $r \geq 2$; on a

$$t^{n-r} {}^r A_n(t^{-1}) = r! \; \theta \Delta D \; {}_r \mathfrak{S}_n$$

où
$$_r\mathfrak{S}_n = \{\sigma \in \mathfrak{S}_n : \sigma^{-1}(n-r+1) < \sigma^{-1}(n-r+2) < \ldots < \sigma^{-1}(n)\} .$$

PREUVE.

D'après la propriété 2.3 , il nous suffit d'établir

$$\theta\Delta"^{r-1}\Delta D \, \mathfrak{S}_n = r! \, \theta\Delta D \,_r\mathfrak{S}_n$$

ou encore de trouver une surjection $\sigma \to \sigma'$ de $\mathfrak{S}_n$ sur $_r\mathfrak{S}_n$ telle que

i) $|\Delta"^{r-1}\Delta D\sigma| = |\Delta D\sigma'|$

ii) l'application $\sigma \to \sigma'$ soit homogène de degré $r!$, c'est-à-dire que l'image inverse de chaque $\sigma' \in \,_r\mathfrak{S}_n$ ait $r!$ éléments.

Prenons $\sigma \in \mathfrak{S}_n$ et soit $\sigma w = g_1 \, i_{n-r+1} \, g_2 \ldots g_r \, i_n \, g_{r+1}$ où $\{i_{n-r+1}, \ldots, i_n\} = \{n-r+1, \ldots, n\}$. On pose $\sigma' w = g_1(n-r+1)g_2 \ldots g_r \, n \, g_{r+1}$. Il est clair que σ' est dans $_r\mathfrak{S}_n$ et que $\sigma \to \sigma'$ est homogène de degré $r!$.

D'autre part, puisque les éléments $n-r+1$, $n-r+2, \ldots, n$ se présentent dans cet ordre dans le mot $\sigma'w$, on a $\Delta D\sigma'(j) = 0$ pour $j = n-r+1$, $n-r+2 , \ldots, n-1$, ou encore $|\Delta D\sigma'| = |\Delta"^{r-1}\Delta D\sigma'|$. Enfin, l'identité $|\Delta"^{r-1}\Delta D\sigma| = |\Delta"^{r-1}\Delta D\sigma'|$ résulte du fait que l'on a $\sigma'(j) = \sigma(j)$ si $\sigma(j) \leq n-r$ et que $\sigma'(j) > n-r$ si et seulement si $\sigma(j) > n-r$.

Q.E.D.

Si l'on envoie tout $\sigma'w = g_1(n-r+1)\, g_2(n-r+2) \ldots g_r\, n\, g_{r+1}$ de $_r\mathfrak{S}_n$ sur le mot $f = g_1(n-r+1)\, g_2(n-r+1) \ldots g_r(n-r+1)\, g_{r+1}$, on définit une bijection de $_r\mathfrak{S}_n$ sur une classe de mots de spécification $(1^r(n-r))$, c'est-à-dire des mots de longueur n, qui contiennent $n-r+1$ lettres distinctes dont l'une d'entre elles est répétée r fois. Si l'on définit maintenant $|\Delta Df|$ comme le <u>nombre de descentes</u>, c'est-à-dire le nombre de couples de lettres successives dans f qui vont en décroissant, on voit que l'on a $|\Delta Df| = |\Delta D\sigma'|$. Ainsi $t^{n-r}\, {}_rA_n(t^{-1})$ est le <u>polynôme générateur du nombre des descentes pour un ensemble de spécification</u> $(1^r(n-r))$.

5. Relations avec les nombres de Stirling.

Rappelons que pour $0 < q \leq p$, le <u>nombre de Stirling de deuxième espèce</u> $S(p,q)$ est le nombre de partitions de $[p]$ en q parties non vides. Le résultat suivant est obtenu par Riordan ([24] p. 213) au moyen de calculs assez complexes :

PROPRIÉTÉ 2.8.

L'entier $S(p,q)$ <u>est le nombre de parties</u> $W \subset [p] \times [p]$ <u>de</u> $p-q$ <u>éléments qui satisfont aux conditions suivantes</u> :

    i) W <u>est une quasi-permutation, c'est-à-dire qu'il existe au moins un</u> $\sigma \in \mathfrak{S}_p$ <u>tel que</u> $W \subset \{(k,\sigma(k)) \subset [p] \times [p] : k \in [p]\}$,

    ii) W <u>est supra-diagonale, c'est-à-dire que</u> $(k,k') \in W$ <u>implique</u> $k < k'$.

PREUVE.

Soit $\{E_1, E_2, \ldots, E_q\}$ une partition de $[p]$ que nous pouvons considérer comme formée des classes d'une relation d'équivalence $E \subset [p] \times [p]$. A chaque $E_j = \{i_1 < i_2 < \ldots < i_{n_j}\}$ comprenant $n_j > 0$ éléments, nous associons la quasi-permutation supra-diagonale $E'_j = \{(i_1, i_2), (i_2, i_3), \ldots, (i_{n_j-1}, i_{n_j})\}$ contenant n_j-1 (éventuellement zéro) éléments de $[p] \times [p]$. Posant $E' = \bigcup_{1 \leq j \leq q} E'_j$, on voit que E' est une quasi-permutation supra-diagonale ayant $\Sigma(n_j-1) = p-q$ éléments et que E est la plus fine des équivalences sur $[p]$ qui contienne E'.

Réciproquement, étant donnée une quasi-application supra-diagonale W ayant $p-q$ éléments, soit E la plus fine de toutes les équivalences sur $[p]$ qui contienne W. On a $W = E'$ et la bijection désirée est établie.

Q.E.D.

La formule de Riordan ([24] p. 214)

$$^r A_n(s+1) = \sum_{0 \leq k \leq n-r} s^k (n-k)! \, S(n+1-r, n+1-r-k)$$

étant obtenue par celui-ci au moyen de la méthode algébrique classique d'inversion de Möbius, nous pensons pouvoir nous dispenser d'en reproduire ici la preuve.

6. Les identités de Worpitzky.

Soient m,n,s trois entiers tels que $0 \leq s < n \leq m+s$ et $(i_1, i_2, \ldots, i_s)$ une suite strictement croissante d'entiers compris entre 1 et $n-1$ que nous nommerons <u>indices distingués</u>. Nous allons d'abord dénombrer l'ensemble $\Phi_{m,n,s}$ de tous les morphismes $\varphi : [n] \to [m]$ tels que $\varphi(i) \neq \varphi(i+1)$ si i n'est pas un indice distingué. Le dénombrement de $\Phi_{m,n,s}$ permet non seulement d'obtenir l'identité (9) ci-dessous due à Worpitzky, mais une généralisation de celle-ci au cas des polynômes $^rA_n(t)$ $(r > 1)$. La proposition 2.9 ci-dessous est bien connue.

PROPOSITION 2.9.

<u>On a</u> :

$$\text{Card } \Phi_{m,n,s} = \begin{bmatrix} m+s \\ n \end{bmatrix}.$$

PREUVE.

Il suffit de faire correspondre, de façon bijective, à tout $\varphi \in \Phi_{m,n,s}$ un morphisme injectif $\psi : [n] \to [m+s]$ (c'est-à-dire une application strictement croissante). Dans ce but, désignons pour tout entier $k \in [n]$, par $\theta(k)$ le nombre d'indices distingués avant k, à savoir le nombre d'indices j tels que $i_j < k$. On a $\theta(1) = 0$ et $\theta(n) = s$. La bijection $\varphi \to \psi$ est alors définie de la façon suivante. Pour tout $k \in [n]$, on pose $\psi(k) = \varphi(k) + \theta(k)$. On a $1 \leq \psi(n) \leq m+s$ et ψ est strictement croissante, car si $k-1$ est distingué, on a $\theta(k-1) < \theta(k)$ et si $k-1$ ne l'est pas on a $\varphi(k-1) < \varphi(k)$. Dans les deux cas, il vient

$\psi(k-1) < \psi(k)$. Enfin, l'application $\varphi \to \psi$ est trivialement injective. Elle est aussi surjective, puisque φ est uniquement déterminé par les relations $\varphi(k) = \psi(k) - \theta(k)$ $(1 \le k \le n)$.

Q.E.D.

L'identité de Worpitzky sur les nombres d'Euler s'obtient par simple application de cette proposition. L'ensemble de toutes les applications de $[n]$ dans $[m]$ étant noté $H_{m,n}$, soit $\varphi \in H_{n,m}$; on définit $\delta\varphi$ comme l'unique $\sigma \in \mathfrak{S}_n$ telle que la suite des paires $(\varphi\sigma(1), \sigma(1)), (\varphi\sigma(2), \sigma(2)), \ldots, (\varphi\sigma(n), \sigma(n))$ soit croissante pour l'ordre lexicographique. Par conséquent, $\delta^{-1}\sigma$ est l'ensemble des applications $\varphi : [n] \to [m]$ telles que $\varphi\sigma(i) \le \varphi\sigma(i+1)$ pour $i \in [n-1]$ et telles que l'égalité $\varphi\sigma(i) = \varphi\sigma(i+1)$ ne soit possible que si $\sigma(i) < \sigma(i+1)$. D'après la remarque 2.4, il y a exactement $s = |\Delta'M\sigma|$ indices i vérifiant une telle inégalité ; donc, d'après la précédente proposition, Card $\delta^{-1}\sigma = \begin{bmatrix} m+s \\ n \end{bmatrix}$. Comme le nombre de permutations $\sigma \in \mathfrak{S}_n$ satisfaisant à $|\Delta M\sigma| = s$ est donné par le nombre d'Euler $A_{n,s}$, il vient enfin

$$m^n = \sum_{0 \le s \le n-1} \begin{bmatrix} m+s \\ n \end{bmatrix} A_{n,s} \quad . \tag{9}$$

Cette identité est un cas particulier de l'identité (10) ci-dessous.

PROPRIÉTÉ 2.10.

Pour $r \in [n]$, on a

$$\sum_{0 \le s \le n-r} {}^r A_{n,n-r-s} \begin{bmatrix} m+s \\ n \end{bmatrix} = m^{n-r} \, m! \, / \, (m-r)! \quad . \tag{10}$$

PREUVE.

Notons d'abord que pour $r = 1$, on retrouve bien l'identité (9), puisque l'on a $A_{n,n-1-s} = A_{n,s}$ d'après la propriété 2.3. D'autre part, l'identité est vraie pour $r = n$ avec les conventions que nous avons adoptées. On prendra donc $r \in [n-1]$. Soit $H_{m,n,r}$ l'ensemble des applications $\varphi : [n] \to [m]$ dont la restriction à $\{n-r+1, n-r+2, \ldots, n\}$ est <u>injective</u>. Il est immédiat que l'on a Card $H_{m,n,r} = m^{n-r} m! / (m-r)!$. Pour $\varphi \in H_{m,n,r}$, on définit $\delta\varphi$ comme étant l'unique $\sigma \in \mathfrak{S}_n$ telle que la suite $(\varphi\sigma(1), \sigma(1)), (\varphi\sigma(2), \sigma(2)), \ldots, (\varphi\sigma(n), \sigma(n))$ soit croissante pour l'ordre lexicographique. Comme précédemment, on a $\varphi\sigma(i) \leq \varphi\sigma(i+1)$ pour $i \in [n-1]$, mais l'égalité n'est possible que si l'on a $\sigma(i) < \sigma(i+1)$ et $\sigma(i) \leq n-r$ puisque la restriction de φ à l'ensemble $\{n-r+1, n-r+2, \ldots, n\}$ est injective. Or d'après la remarque 2.4, il y a exactement $|\Delta'\Delta''^{r-1}M\sigma|$ indices i tels que $1 \leq i < n$, $\sigma(i) < \sigma(i+1)$ et $\sigma(i) \leq n-r$. D'après la précédente proposition, on a Card $\delta^{-1}\sigma = \begin{bmatrix} m+s \\ n \end{bmatrix}$ avec $|\Delta'\Delta''^{r-1}M\sigma| = s$ et comme le nombre de $\sigma \in \mathfrak{S}_n$ satisfaisant à $|\Delta'\Delta''^{r-1}M\sigma| = s$ est égal à ${}^r A_{n,n-r-s}$, on obtient l'identité désirée.

Q.E.D.

Pour terminer cette section, nous donnons l'espression explicite des coefficients ${}^r A_{n,k}$ obtenue par un simple calcul traduisant de nouveau l'inversion de Möbius (Cf. par exemple [26]) à partir des identités (9) et (10).

En effet, pour $0 < n+r$, on a

$$1/(1-t)^{n+r} = \sum_{0 \leq k} t^k \begin{bmatrix} n+r-1+k \\ n+r-1 \end{bmatrix} .$$

Donc :

$$^rA_{n-1+r}(t) / (1-t)^{n+r} = \sum_{0 \leq k} t^k \begin{bmatrix} n+r-1+k \\ n+r-1 \end{bmatrix} \sum_{0 \leq s \leq n-1} {}^rA_{n+r-1,s} \, t^s$$

$$= \sum_{0 \leq j} t^j \sum_{0 \leq s \leq \min(j,n-1)} {}^rA_{n+r-1,s} \begin{bmatrix} n+r-1+j-s \\ n+r-1 \end{bmatrix}$$

$$= \sum_{0 \leq j} t^j \sum_{0 \leq s \leq n-1} {}^rA_{n+r-1,n-1-s} \begin{bmatrix} j+r+s \\ n+r-1 \end{bmatrix}$$

$$= \sum_{0 \leq j} t^j \, (j+r)^{n-1} \, (j+r)! \, / \, j!$$

en utilisant le fait que $\begin{bmatrix} n+r-1+j-s \\ n+r-1 \end{bmatrix} = 0$ si $j < n-1$ et $s = j+1, \ldots, n-1$ et, pour la dernière étape, en se servant de l'identité (10). Il en résulte

$$^rA_{n-1+r}(t) / (r!(1-t)^{n+r}) = \sum_{0 \leq j} t^j \, (j+r)^{n-1} \begin{bmatrix} j+r \\ r \end{bmatrix} .$$

On a donc pour $0 \leq k \leq n-1$, l'expression explicite :

$$^rA_{n-1+r,k} = r! \sum_{0 \leq i \leq k} (-1)^i \, (k-i+r)^{n-1} \begin{bmatrix} n+r \\ i \end{bmatrix} \begin{bmatrix} k-i+r \\ r \end{bmatrix} . \qquad (11)$$

7. Table des polynômes eulériens.

Le paragraphe 4 du présent chapitre ou l'identité (11) ci-dessus montrent que tous les coefficients des polynômes $^rA_n(t)$ sont divisibles par $r!$ (on verra une autre démonstration de ce résultat à la fin du chapitre IV). Comme on a posé

$$^rA_n(t) = \sum_{0 \leq k \leq n-r} {^rA_{n,k}}\, t^k \qquad (0 \leq r \leq n) \quad,$$

on peut écrire

$$^rA_{n,k} = r!\ ^ra_{n,k}$$

où $^ra_{n,k}$ est un entier $(0 \leq k \leq n-r)$.

Le présent tableau donne les premières valeurs des coefficients $^ra_{n,k}$ pour $r = 1, 2, 3, 4, 5$, $r \leq n \leq 8$ et $0 \leq k \leq n-r$.

$\boxed{r = 1}$

n \ k	0	1	2	3	4	5	6	7
1	1							
2	1	1						
3	1	4	1					
4	1	11	11	1				
5	1	26	66	26	1			
6	1	57	302	302	57	1		
7	1	120	1191	2416	1191	120	1	
8	1	247	4293	15619	15619	4293	247	1

r = 2

n \ k	0	1	2	3	4	5	6
2	1						
3	2	1					
4	4	7	1				
5	8	33	18	1			
6	16	131	171	41	1		
7	32	473	1208	718	88	1	
8	64	1611	7197	8422	2682	183	1

r = 3

n \ k	0	1	2	3	4	5
3	1					
4	3	1				
5	9	10	1			
6	27	67	25	1		
7	81	376	326	56	1	
8	243	1909	3134	1314	119	1

r = 4

n \ k	0	1	2	3	4
4	1				
5	4	1			
6	16	13	1		
7	64	113	32	1	
8	256	821	531	71	1

$\boxed{r = 5}$

n \ k	0	1	2	3
5	1			
6	5	1		
7	25	16	1	
8	125	171	39	1

*

CHAPITRE III

LA FORMULE EXPONENTIELLE.

Les trois premières sections de ce chapitre contiennent la définition et quelques propriétés d'une construction très générale que nous appelons "composé partitionnel". La motivation de cette notion apparaît dans les sections suivantes, ainsi qu'au chapitre IV, où nous appliquons toutes ces techniques aux polynômes eulériens. Comme nous l'avons déjà mentionné, ces résultats ont été fréquemment étudiés en liaison avec divers problèmes d'énumération et tout particulièrement dans [29], [14] et [15].

Dans ce chapitre, si Z est un ensemble non vide, on note Z^* et Z^+ les monoïdes libre et abélien libre engendrés par Z. On appellera mots les éléments de Z^*, qu'on présentera comme des suites $g = z_1 z_2 \ldots z_r$ où $z_1, z_2, \ldots, z_r$ appartiennent à Z ; l'entier r est la longueur du mot g. On appellera monômes les éléments de Z^+. Si α est le morphisme canonique de Z^* sur Z^+, on prendra dans chaque classe $\alpha^{-1}(f)$ où $f \in Z^+$ un mot canonique qu'on identifiera à f. Le monôme f sera dit de degré r si le mot f est de longueur r.

1. La formule de Hurwitz.

Dans cette section, Y est un ensemble non vide, muni d'une application $\lambda : Y \to \underset{\sim}{N}$. Le même symbole désignera les morphismes dans $\underset{\sim}{N}$ étendant cette application aux monoïdes Y^* et Y^+. Le morphisme canonique de Y^* sur Y^+ sera noté α.

Soit $\mathcal{P}$ l'ensemble des parties _finies_ (y compris la partie vide) de $\underline{\underline{N}}$; on considère le sous-ensemble Y_λ du produit cartésien $Y \times \mathcal{P}$ composé de tous les couples (y,I) satisfaisant à la condition

$$\text{Card } I = \lambda y \quad .$$

On forme ensuite le monoïde libre Y_λ^* engendré par Y_λ. Soit

$$h = (y_1, I_1)(y_2, I_2) \ldots (y_r, I_r)$$

un mot de Y_λ^* de longueur $r > 0$. On pose

$$\beta h = g = y_1 y_2 \ldots y_r \in Y^* \quad \text{et} \quad \lambda h = \lambda g \quad . \tag{1}$$

DÉFINITION 3.1.

Pour chaque entier $r > 0$, le _composé partitionnel marqué_ de Y _de degré_ r est le sous-ensemble $Y^{((r))}$ de Y_λ^* formé de tous les mots $h = (y_1, I_1)(y_2, I_2) \ldots (y_r, I_r)$ de longueur r satisfaisant aux conditions

i) $I_j \cap I_{j'} = \emptyset$ si $j \neq j'$;
ii) $\cup \{I_j : j \in [r]\} = [\lambda h]$.

On notera que si λy_j est strictement positif pour tout $j \in [r]$, la _famille_ $\{I_1, I_2, \ldots, I_r\}$ est une _partition_ de l'ensemble $[\lambda h]$, aucun de ces sous-ensembles n'étant vide.

Par convention, on supposera l'existence d'un ensemble $Y^{((r))}$ pour $r = 0$ contenant un seul élément, à savoir l'élément neutre de Y. Ce dernier est envoyé par β sur l'élément neutre de Y^*. On identifiera, d'autre part, le composé partitionnel marqué $Y^{((1))}$ de degré 1 avec Y.

THÉORÈME 3.2. (Formule de Hurwitz).

<u>Soit</u> $E(Y) = \Sigma \{y/\lambda y! : y \in Y\}$ <u>la fonction génératrice exponentielle de</u> Y (<u>par rapport à</u> λ). <u>Pour tout</u> $r \geq 0$, <u>on a dans la</u> $\mathbb{Q}$-<u>algèbre large de</u> Y^* <u>l'identité</u>

$$(E(Y))^r = \Sigma \{\beta h/\lambda h! : h \in Y^{((r))}\} \quad . \quad (2)$$

PREUVE.

Avec nos conventions sur β, il n'y a rien à prouver pour $r = 0$. Pour chaque mot $g = y_1 y_2 \ldots y_r$ de longueur r ($r > 0$) de Y^*, le nombre de mots $h \in Y^{((r))}$ tels que $\beta h = g$ est égal au nombre de suites $(I_1, I_2, \ldots, I_r)$ de parties de $\mathbb{N}$ satisfaisant aux conditions i) et ii) de la définition 3.1 ainsi qu'à la condition Card $I_j = \lambda y_j$ pour chaque $j \in [r]$. Or le nombre de telles suites est évidemment donné par le coefficient multinomial

$$\text{Mult} (\lambda, g) = \lambda g!/(\lambda y_1! \; \lambda y_2! \; \ldots \; \lambda y_r!) \quad .$$

Donc

$$\Sigma \{\beta h/\lambda h! : h \in Y^{((r))}, \beta h = g\}$$

est égal au produit $(1/(\lambda y_1! \, \lambda y_2! \, \ldots \, \lambda y_r!))g$ puisque $\lambda h = \lambda g$ pour $\beta h = g$. Or le facteur $(1/(\lambda y_1! \, \lambda y_2! \, \ldots \, \lambda y_r!))$ est simplement le coefficient de g dans le développement de $(E(Y))^r$ et le résultat s'en déduit par sommation sur tous les mots de longueur r de Y^*.

Q.E.D.

2. Le composé partitionnel.

Nous conservons les mêmes notations que dans la section 1, mais nous supposons cette fois que $\lambda y > 0$ pour tout $y \in Y$. Soit $h = (y_1, I_1)(y_2, I_2) \ldots (y_r, I_r)$ un mot de $Y^{((r))}$. L'hypothèse ci-dessus entraîne, puisque l'on a Card $I_j = \lambda y_j$ pour chaque $j \in [r]$, que les sous-ensembles $I_1, I_2, \ldots, I_r$ sont non vides, donc tous distincts. Il en résulte que h est <u>multilinéaire</u>, c'est-à-dire a toutes ses lettres distinctes. En notant δ le morphisme canonique de Y_λ^* sur Y_λ^+, on voit donc que la classe abélienne $\delta^{-1}\delta h$ contient exactement $r!$ mots. De plus, les conditions i) et ii) de la définition 3.1 ne faisant pas intervenir l'ordre des lettres de h, il s'en suit que $Y^{((r))}$ contient toute une classe abélienne $\delta^{-1}\delta h$ dès qu'il contient h.

DÉFINITION 3.3.

On appelle <u>composé partitionnel</u> de Y <u>de degré</u> r $(r \geq 0)$, l'ensemble

$$Y^{(r)} = \delta Y^{((r))}$$

et l'union

$$Y^{(+)} = \bigcup_{0 \leq r} Y^{(r)}$$

est le <u>composé partitionnel</u> de Y.

Les éléments de $Y^{(r)}$ sont donc des <u>monômes</u> $f = (y_1, I_1)(y_2, I_2) \ldots (y_r, I_r)$ de Y_λ^+. On désigne par γf le <u>monôme</u> $m = y_1 y_2 \ldots y_s$ de Y^+ et l'on pose encore $\lambda f = \lambda m$. On a donc l'identité

$$\alpha\beta = \gamma\delta$$

où α est le morphisme $\alpha : Y^* \to Y^+$ et où β a été défini en (1). On peut rassembler les remarques ainsi faites dans un lemme.

LEMME 3.4.

<u>Pour tout</u> $f \in Y^{(r)}$, <u>on a</u>

$$\text{Card }\{h \in Y^{((r))} : \delta h = f\} = r!$$

<u>et si</u> $\delta h = f$, <u>on a</u>

$$\gamma f = \alpha \beta h \quad .$$

Venons-en à la formule fondamentale de ce chapitre.

THÉORÈME 3.5. (Formule exponentielle).

<u>Dans la</u> $\underset{\sim}{Q}$-<u>algèbre large de</u> Y^+, <u>on a l'identité</u>

$$\Sigma \{\gamma f / \lambda f! : f \in Y^{(+)}\} = \exp E(Y) \quad .$$

PREUVE.

On a $\Sigma \{\gamma f/\lambda f! : f \in Y^{(0)}\} = 1$. D'autre part, pour $f \in Y^{(r)}$ $(r > 0)$, on a

$$\Sigma \{\alpha\beta h/\lambda h! : \delta h = f\} = r! \ (\gamma f/\lambda f!)$$

d'après le lemme précédent. D'où, il résulte

$$\Sigma \{\gamma f/\lambda f! : f \in Y^{(r)}\} = (1/r!) \Sigma \{\alpha\beta h/\lambda h! : h \in Y^{((r))}\}$$

pour chaque $r > 0$. Utilisant le théorème 3.2, on obtient donc par sommation sur tous les $r \in \underset{\sim}{N}$

$$\Sigma \{\gamma f/\lambda f! : f \in Y^{(+)}\} = \underset{0 \leq r}{\Sigma} (1/r!) \ (E(Y))^r$$

$$= \exp E(Y) \quad .$$

Q.E.D.

Remarque 3.6.

Dans la $\underset{\sim}{Q}$-algèbre large de Y^+, on a pris la topologie des séries formelles induite par l'ordre o suivant : si $\underset{\sim}{a} = \Sigma \{m \ a_m : m \in Y^+\}$ est une série formelle, son ordre $o(\underset{\sim}{a})$ est défini par

$$o(\underset{\sim}{a}) = \inf \{n > 0 : \lambda m = n, \ a_m \neq 0\} \quad .$$

Utilisons les notations abrégées

$$\gamma\{Y^{(+)} \cap \lambda^{-1}n\} = \Sigma \{\gamma f : f \in Y^{(+)}, \lambda f = n\} \quad \text{pour} \quad n \geq 0$$

et $\quad \{Y_n\} = \Sigma \{y : y \in Y, \lambda y = n\} \quad\quad$ pour $n > 0$.

Les séries formelles $\gamma\{Y^{(+)} \cap \lambda^{-1}n\}$ et $\{Y_n\}$ sont d'ordre égal à n, ce qui permet d'écrire la formule exponentielle sous la forme

$$\sum_{0 \leq n} (1/n!) \, \gamma\{Y^{(+)} \cap \lambda^{-1}n\} = \exp\left[\sum_{0 \leq n} (1/n!) \{Y_n\}\right] . \quad (3)$$

3. Une formule d'inversion pour les séries exponentielles.

Désignons par $z(f)$ pour $f \in Y^{(+)}$ l'unique $r \in \underset{\sim}{\mathbb{N}}$ tel que $f \in Y^{(r)}$; l'entier $z(f)$ n'est autre que le <u>degré</u> de f. Posons

$$\bar{\gamma}\{Y^{(+)} \cap \lambda^{-1}n\} = \Sigma \{\gamma f \cdot (-1)^{z(f)+n} : f \in Y^{(+)}, \lambda f = n\}$$

pour $n \geq 0$.

PROPRIÉTÉ 3.7.

<u>Dans la</u> $\underset{\sim}{Q}$-<u>algèbre large de</u> Y^+, <u>on a l'identité</u>

$$\left(\sum_{0 \leq n} (1/n!) \, \gamma\{Y^{(+)} \cap \lambda^{-1}n\}\right)^{-1} =$$
$$\sum_{0 \leq n} ((-1)^n/n!) \, \bar{\gamma}\{Y^{(+)} \cap \lambda^{-1}n\} . \quad (4)$$

PREUVE.

D'après le théorème 3.5 , le membre de gauche de l'identité à établir, soit U , est égal à $(\exp E(Y))^{-1}$, c'est-à-dire à $\exp(-E(Y))$. Notons φ le morphisme envoyant sur $-y$ chaque $y \in Y$, ceci équivaut à $U = \varphi \exp E(Y)$, donc de nouveau d'après le théorème 3.5 , à

$$U = \varphi \sum_{0 \leq n} (1/n!) \, \gamma\{Y^{(+)} \cap \lambda^{-1}n\}$$

$$= \sum_{0 \leq n} (1/n!) \sum_{0 \leq r} (-1)^r \, \gamma\{Y^{(+)} \cap \lambda^{-1}n \cap z^{-1}r\}$$

$$= \sum_{0 \leq n} ((-1)^n/n!) \, \bar{\gamma}\{Y^{(+)} \cap \lambda^{-1}n\} \quad .$$

Q.E.D.

Ceci termine l'établissement des formules que nous utiliserons par la suite. Le théorème 3.2 avec une interprétation adéquate des objets en cause exprime que la <u>transformation de Borel</u>

$$\Sigma \{y : y \in Y\} \to \Sigma \{y/\lambda y! : y \in Y\}$$

est un morphisme dans l'algèbre large de Y^+ de l'algèbre large de base Y par rapport au "<u>produit d'intercalement</u>" ("<u>shuffle</u>" de Chen, Fox et Lyndon). Le théorème 3.5 est appelé "formule de Cauchy" dans les problèmes concernant le groupe symétrique. Sous une forme ou sous une autre, elle a été retrouvée et utilisée souvent dans diverses questions d'énumération. Nous l'appellerons simplement <u>formule exponentielle</u>. En prenant le logarithme des deux membres on obtiendrait évidemment la fonction génératrice exponentielle $E(Y)$ de Y en fonction de la fonction génératrice exponentielle du composé partitionnel $Y^{(+)}$ de Y.

Nous utiliserons par la suite la

DÉFINITION 3.8.

Soit A un monoïde abélien ; une application $\mu : Y^{(+)} \to A$ sera dite <u>multiplicative</u> ssi il existe un morphisme $\mu' : Y^+ \to A$ tel que le diagramme

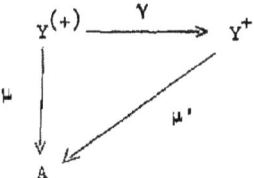

soit commutatif.

4. Le composé partitionnel des applications.

Il existe de nombreuses familles de structures qui peuvent être considérées comme le composé partitionnel d'une de leurs sous-familles. Nous examinerons ici, à titre d'exemple, la famille des applications avec le but d'introduire les notions nécessaires pour traiter le cas particulier des permutations.

DÉFINITION 3.9.

Soit $f : I \to I$ une application d'un ensemble fini I dans lui-même. L'__équivalence__ f^* de f est la relation d'équivalence dans $I \times I$ telle que i, $i' \in I$ appartiennent à la même classe ssi il existe des itérées f^p et $f^{p'}$ de f satisfaisant à $f^p(i) = f^{p'}(i')$.

Nous appellerons __sous-domaines__ de f les classes de cette équivalence et leur nombre sera désigné par $z(f)$. L'application f sera __connexe__ si $z(f) = 1$. Ainsi les sous-domaines d'une permutation sont les orbites de celle-ci ; les permutations circulaires sont les permutations connexes.

Dans la suite, on notera F_n l'ensemble des applications de $[n]$ dans lui-même $(n \geq 0)$ et l'on posera

$$F = \bigcup_{0 \leq n} F_n .$$

Désignons par $I_1, I_2, \ldots, I_r$ $(r = z(f))$ les sous-domaines d'une application $f \in F_n$ $(n > 0)$. Pour tout $j \in [r]$, on note ω_j l'unique morphisme (d'ensembles ordonnés) $\omega_j : [\text{Card } I_j] \to [n]$ qui a pour image I_j et f_j' la restriction de f à I_j. Par définition de l'équivalence f^* on voit que $f_j'(I_j) \subset I_j$ et il est licite de poser $f_j = \omega_j^{-1} f_j' \omega_j$ $(j \in [r])$. Les applications f_j envoient $[\text{Card } I_j]$ dans lui-même et sont toutes connexes $(j \in [r])$. Enfin, il est clair que toute application $f \in F_n$ détermine, de façon biunivoque le __monôme__ (appartenant au monoïde

$(F \times \wp)^+$, où $\wp$ désigne toujours l'ensemble des parties finies de $\underset{\sim}{N}$)

$$(f_1, I_1) (f_2, I_2) \ldots (f_r, I_r)$$

que l'on appellera sa <u>factorisation canonique</u>, les f_j eux-mêmes étant les <u>facteurs</u> de f . Par commodité, on identifiera tout $f \in F$ avec sa factorisation canonique et $f \in F_0$ avec le monôme unité.

Le raccordement avec les trois premières sections se fait de la façon suivante. Soit donnée une famille $\mathfrak{F}$ d'applications connexes dont les domaines sont des ensembles de la forme $[n]$ $(n \in \underset{\sim}{N})$. Posons $Y = \mathfrak{F}$ et prenons pour λ l'application qui envoie sur n chaque $f \in \mathfrak{F}$ de domaine $[n]$ $(n \in \underset{\sim}{N})$. Formons ensuite le composé partitionnel $\mathfrak{F}^{(+)}$. On constate alors que la factorisation canonique d'une application $f \in F$ appartient au composé partitionnel $\mathfrak{F}^{(+)}$ si et seulement si les facteurs de f appartiennent à $\mathfrak{F}$. Avec l'identification faite ci-dessus, on a ainsi la proposition suivante :

PROPOSITION 3.10.

<u>Soit</u> $\mathfrak{F} \subset F$ <u>une famille d'applications connexes. Le composé partitionnel</u> $\mathfrak{F}^{(+)}$ <u>est l'ensemble des applications</u> $f \in F$ <u>dont les facteurs appartiennent à</u> $\mathfrak{F}$.

La propriété suivante découle immédiatement de la définition du composé partitionnel d'un ensemble d'applications. Elle exprime le fait que la factorisation canonique d'une application f conserve les excédances et les points fixes de f . De façon précise, et en conservant les notations ci-dessus, on a

PROPRIÉTÉ 3.11.

Soit $(f_1,I_1)(f_2,I_2)\ldots(f_r,I_r)$ $(r > 0)$ la factorisation canonique d'une application f. Pour tout $j \in [r]$, le morphisme $\tau_j = \omega_j^{-1}$ est une bijection de I_j sur $[\mathrm{Card}\ I_j]$ telle que pour tout $i \in I_j$ on ait les équivalences

$$i < f(i) \Leftrightarrow \tau_j(i) < f_j \tau_j(i)$$
$$i = f(i) \Leftrightarrow \tau_j(i) = f_j \tau_j(i)$$
$$i > f(i) \Leftrightarrow \tau_j(i) > f_j \tau_j(i) \ .$$

PREUVE.

En effet, si l'entier i est dans le sous-domaine I_j, on a $f_j(i) = \omega_j^{-1} f_j' \omega_j(i) = \tau_j f_j' \tau_j^{-1}(i)$ où f_j' est la restriction de f à I_j. Les équivalences ci-dessus résultent alors du fait que $\tau_j : I_j \to [\mathrm{Card}\ I_j]$ est un morphisme strictement croissant.

Q.E.D.

Réécrivons la formule exponentielle (3) et la formule d'inversion (4) dans ce cas particulier du composé partitionnel des applications. On a d'abord

$$\mathcal{F}^{(+)} \cap \lambda^{-1}n = F_n \cap \mathcal{F}^{(+)} \qquad \text{pour } n \geq 0$$

et

$$\mathcal{F} \cap \lambda^{-1}n = F_n \cap \mathcal{F} \qquad \text{pour } n > 0$$

et les deux identités (3) et (4) se présentent ainsi

$$\sum_{0 \leq n} (1/n!) \, \gamma\{F_n \cap \mathfrak{F}^{(+)}\} = \exp \left[\sum_{0 < n} (1/n!) \, \{F_n \cap \mathfrak{F}\} \right] \qquad (5)$$

$$\left(\sum_{0 \leq n} (1/n!) \, \gamma\{F_n \cap \mathfrak{F}^{(+)}\} \right)^{-1} = \sum_{0 \leq n} ((-1)^n/n!) \, \bar{\gamma}\{F_n \cap \mathfrak{F}^{(+)}\} \ . \qquad (6)$$

En fait, ces deux identités seront appliquées ci-après sous la forme suivante. On suppose donnée une application multiplicative $\mu : \mathfrak{F}^{(+)} \to \Omega$ (Cf. définition 3.8). On forme ensuite l'algèbre sur Q du monoïde Ω, soit $\bar{\Omega}$ et l'on considère l'algèbre $\bar{\Omega}[[u]]$ des séries formelles à coefficients dans $\bar{\Omega}$ et à une indéterminée u. On a ainsi la

PROPOSITION 3.12.

<u>Soit</u> $\mu : \mathfrak{F}^{(+)} \to \Omega$ <u>une application multiplicative. Dans l'algèbre des séries formelles</u> $\bar{\Omega}[[u]]$, <u>on a les identités</u>

$$\sum_{0 \leq n} (u^n/n!) \, \mu\{F_n \cap \mathfrak{F}^{(+)}\} = \exp \left[\sum_{0 < n} (u^n/n!) \, \mu\{F_n \cap \mathfrak{F}\} \right] \qquad (7)$$

$$\left(\sum_{0 \leq n} (u^n/n!) \, \mu\{F_n \cap \mathfrak{F}^{(+)}\} \right)^{-1} = \sum_{0 \leq n} ((-u)^n/n!) \, \bar{\mu}\{F_n \cap \mathfrak{F}^{(+)}\} \qquad (8)$$

<u>où</u> $\bar{\mu}f = (-1)^{z(f)+n} \mu f$ <u>pour tout</u> $f \in F_n \cap \mathfrak{F}^{(+)}$ $(n \geq 0)$.

PREUVE.

Soit μ' le morphisme de $\mathfrak{F}^+$ dans Ω tel que $\mu = \mu' \gamma$. Désignons par φ l'application envoyant tout $f \in F_n \cap \mathfrak{F}$ sur le monôme

$u^n \mu'f$ $(n > 0)$. Comme μ est multiplicative, on a $\varphi\gamma f = u^n \mu f$ pour tout $f \in F_n \cap \mathfrak{F}^{(+)}$ $(n \geq 0)$. Tous les monômes $\varphi\gamma f$ où $f \in F_n \cap \mathfrak{F}^{(+)}$ sont donc de degré n (en u). On peut donc prolonger φ en un morphisme continu de la Q_M-algèbre large de $\mathfrak{F}^+$ dans $\bar{\Omega}[[u]]$. Appliquant ainsi φ aux deux membres des deux identités (5) et (6), on obtient les identités (7) et (8).

Q.E.D.

5. Applications.

Il est évident que si $\mathfrak{F}$ est l'ensemble $\mathfrak{C}$ des <u>permutations circulaires</u>, le composé partitionnel $\mathfrak{C}^{(+)}$ est exactement l'ensemble $\mathfrak{S} = \bigcup_{0 \leq n} \mathfrak{S}_n$. On a de plus

$$F_n \cap \mathfrak{F}^{(+)} = \mathfrak{S}_n \quad \text{pour } n \geq 0$$

et $\quad F_n \cap \mathfrak{F} = \mathfrak{C}_n \quad$ pour $n > 0$.

Enfin, si σ est dans $\mathfrak{S}_n$, se rappelant que $z(\sigma)$ est le nombre des orbites de σ, on voit que le coefficient $(-1)^{z(\sigma)+n}$ est la <u>signature</u> $\epsilon(\sigma)$ de σ. Dans ces conditions les deux identités (7) et (8) s'écrivent :

$$\sum_{0 \leq n} (u^n/n!) \, \mu\{\mathfrak{S}_n\} = \exp\left[\sum_{0 < n} (u^n/n!) \, \mu\{\mathfrak{C}_n\}\right] \tag{9}$$

$$\left(\sum_{0 \leq n} (u^n/n!) \, \mu\{\mathfrak{S}_n\}\right)^{-1} = \sum_{0 \leq n} ((-u)^n/n!) \, \bar{\mu}\{\mathfrak{S}_n\} \tag{10}$$

où $\bar{\mu}\sigma = \epsilon(\sigma)\mu\sigma$ pour tout $\sigma \in \mathfrak{S}$.

Donnons quelques exemples d'application des formules (9) et (10) .

Soit $(x_n)_{n \geq 1}$ une suite d'indéterminées commutatives. Si σ est dans $\mathfrak{S}_n$, posons $\mu\sigma = x_1^{m_1} x_2^{m_2} \ldots x_n^{m_n}$ où pour tout $k \in [n]$, l'entier m_k est le nombre de cycles de longueur k dans la permutation σ . La fonction μ ainsi définie est multiplicative. Dans ce cas, $\mu\{\mathfrak{S}_n\}$ est le <u>polynôme indicateur de cycles</u> de $\mathfrak{S}_n$ ou polynôme de Bell (Cf. [24] p. 68) et $(u^n/n!)\,\mu\{\mathfrak{S}_n\}$ se réduit à $u^n\, x_n/n$ puisque Card $\mathfrak{C}_n = (n-1)!$. La formule exponentielle permet donc de retrouver l'expression explicite de la fonction génératrice exponentielle de ces polynômes, à savoir

$$\sum_{0 \leq n} (u^n/n!)\, \mu\{\mathfrak{S}_n\} = \exp\left[\sum_{0 < n} u^n\, x_n/n\right] \quad .$$

Un autre exemple de composé partitionnel est donné par l'ensemble U des applications <u>ultimement idempotentes</u>, c'est-à-dire, pour tout $n \geq 0$, des applications $f \in F_n$ telles que $f^n = f^{n-1}$. Considérons, en effet, pour tout $n > 0$, l'ensemble V_n des applications $f \in F_n$, dont l'image de la $(n-1)$-ième itérée f^{n-1} soit réduite à un seul point. Les éléments de V_n sont encore appelés "<u>arborescences</u>". Posons $V = \bigcup_{0 < n} V_n$; il est alors clair que le composé partitionnel de V est l'ensemble U . Posant $U_n = F_n \cap U$ pour $n \geq 0$, on obtient donc pour toute application multiplicative $\mu : U \to \Omega$, deux identités analogues à (9) et (10) en substituant U_n à $\mathfrak{S}_n$, V_n à $\mathfrak{C}_n$ et en posant $\overline{\mu}f = (-1)^{z(f)+n}$ pour tout $f \in U_n$ ($n > 0$) . On pose naturellement $\mu U_0 = \overline{\mu}U_0 = 1$.

En particulier, prenons pour μ l'application qui envoie sur 1 tout $f \in U$. Comme on a, de façon évidente,

$$\text{Card } V_n = n \text{ Card } U_{n-1} \quad \text{pour } n > 0 \quad ,$$

il vient

$$\sum_{0 \leq n} (u^n/n!) \, \mu\{V_n\} = u \sum_{0 \leq n} (u^n/n!) \text{ Card } U_n$$

et on retrouve, en appliquant la formule (7), ce résultat bien connu : que la série formelle $w = \sum_{0 \leq n} (u^n/n!) \text{ Card } U_n$ est solution dans $\underline{\Omega}[[u]]$ de l'équation

$$w = \exp(uw) \quad .$$

Enfin, prenons pour $\mathcal{F}$ l'ensemble G de toutes les applications connexes de F. Dans ce cas, le composé partitionnel de G est F tout entier et l'on obtient encore, pour toute application multiplicative $\mu : F \to \Omega$ donnée, deux identités analogues à (9) et à (10).

6. Une identité entre déterminants et permanents.

Dans l'énoncé qui suit, Ξ est une matrice infinie $\Xi = (\xi_{i,j})$ $(i,j=1,2,\ldots)$ à coefficients dans un anneau commutatif $\overline{\Omega}$; on désigne pour tout $n > 0$, par Ξ_n la matrice $(\xi_{i,j})$ $(1 \leq i, j \leq n)$, par $\underline{\text{Det}}\, \Xi_n$ son déterminant et par $\underline{\text{Per}}\, \Xi_n$ son permanent.

THÉORÈME 3.13.

<u>Soient</u> a , b <u>et</u> c <u>trois éléments de</u> $\overline{\Omega}$ <u>et</u> Ξ <u>une matrice infinie ayant ses coefficients supradiagonaux</u> (<u>resp. diagonaux, infradiagonaux</u>) <u>égaux à</u> a (<u>resp.</u> b , c) . On a l'identité

$$(1 + \sum_{0 < n} (u^n/n!) \operatorname{Per} \Xi_n)^{-1} = 1 + \sum_{0 < n} ((-u)^n/n!) \operatorname{Det} \Xi_n \quad . \tag{11}$$

PREUVE.

Désignons par $\xi_{i,j}$ les éléments de la matrice Ξ , puis posons $\mu\sigma = \xi_{1,\sigma(1)} \xi_{2,\sigma(2)} \cdots \xi_{n,\sigma(n)}$ pour tout $\sigma \in \mathfrak{S}_n$.

Avec les notations de la propriété 3.11 (en prenant $f = \sigma$), on voit que pour un entier i appartenant au sous-domaine (i.e. à l'orbite) I_j , on a

$$\xi_{i,\sigma(i)} = \xi_{\tau_j(i), f_j \tau_j(i)} \quad .$$

On a ainsi $\mu\sigma = \prod_j \prod_i \xi_{i,\sigma(i)}$ où j varie dans [r] , et où i , pour j fixé, varie dans I_j . Si i est dans I_j , $i' = \tau_j(i)$ est dans [Card I_j] et l'on a, d'après ce qui précède

$$\mu\sigma = \prod_j \prod_{i'} \xi_{i', f_j(i')} = \prod_j \mu f_j \quad .$$

L'application μ est donc multiplicative et l'on peut écrire

$$\mu\{\mathfrak{S}_n\} = \sum_\sigma \xi_{1,\sigma(1)} \cdots \xi_{n,\sigma(n)} = \operatorname{Per} \Xi_n$$

$$\overline{\mu}\{\mathfrak{S}_n\} = \sum_\sigma \epsilon(\sigma)\, \xi_{1,\sigma(1)} \cdots \xi_{n,\sigma(n)} = \text{Det}\, \Xi_n \quad.$$

Le théorème 3.13 résulte alors de l'identité (10) .

Q.E.D.

Remarque 3.14.

Notons que l'identité (11) n'est pas vraie pour toutes les matrices, mais comme l'a remarqué Kittel [18] , on peut construire d'autres matrices infinies Ξ que celles considérées dans l'énoncé du théorème 3.13 pour lesquelles l'identité (11) est vérifiée. Par exemple, si la première colonne de la matrice Ξ n'a que des zéros, on a $\text{Per}\,\Xi_n = \text{Det}\,\Xi_n = 0$ pour tout $n > 0$ et l'identité (11) est trivialement vérifiée.

De même considérons la matrice Ξ définie par

$$\begin{aligned}\xi_{i,j} &= 1 \quad &\text{si } 1 \leq i \leq j \\ &= -(i-1) \quad &\text{si } 1 \leq i-1 = j \\ &= 0 \quad &\text{si } 1 \leq j < i-1 \quad ;\end{aligned}$$

on obtient facilement $\text{Per}\,\Xi_1 = 1$ et $\text{Per}\,\Xi_n = 0$ pour tout $n > 1$, ainsi que $\text{Det}\,\Xi_n = n!$ pour tout $n \geq 1$. L'identité (11) est encore vérifiée ; on retrouve en fait l'identité

$$(1+u)^{-1} = \sum_{0 \leq n} (-u)^n \quad .$$

Notons enfin le résultat élémentaire $(n > 0)$

$$\underline{\mathrm{Det}}\, \Xi_n = (\, c(b-a)^n - a(b-c)^n \,) / (c-a) \qquad \text{si } c \neq a$$

$$= (b-a)^{n-1} (b + (n-1)a) \qquad \text{si } c = a \;.$$

Portant ces valeurs dans la formule (11), on est conduit à l'identité :

$$(1 + \sum_{0<n} (u^n/n!) \,\underline{\mathrm{Per}}\, \Xi_n)^{-1} = c \exp(\,(a-b)u\,) - a \exp(\,(c-b)u\,) \,)/(c-a) \quad (\text{si } c \neq a)$$

$$= (1 - au) \exp(\,(a-b)u\,) \qquad (\text{si } c = a) \;. \qquad (12)$$

*

CHAPITRE IV

FONCTIONS GÉNÉRATRICES DES POLYNÔMES EULÉRIENS.

1. Fonction génératrice exponentielle de $^0A_n(t)$, $A_n(t)$, $B_n(t)$.

Pour $\sigma \in \mathfrak{S}_n$ $(n > 0)$, nous définissons $E'\sigma \in \{0,1\}^n$ par la condition que $E'\sigma(k) = 1$ ou 0 selon que k est ou non un point fixe de σ. De par la définition de E et ΔE on a donc immédiatement :

$$|E\sigma| = |E'\sigma| + |\Delta E\sigma|.$$

Introduisant une nouvelle indéterminée t', nous posons $\theta'\sigma = t'^{|E'\sigma|} t^{|\Delta E\sigma|}$ et $\overline{A}_n(t,t') = \theta'\mathfrak{S}_n$ (=1 pour n=0). Par conséquent on a

$$^0A_n(t) = \overline{A}_n(t,t) \quad ;$$

$$A_n(t) = \overline{A}_n(t,1) \quad \text{et}$$

$$\overline{A}_n(t,0) = \theta\Delta E\{\sigma \in \mathfrak{S}_n : |E'\sigma| = 0\} = \theta\Delta E\, \mathcal{D}_n = \theta E\, \mathcal{D}_n = B_n(t)$$

(voir la fin du paragraphe 1 du chapitre II).

THÉORÈME 4.1.

<u>On a</u>

$$\overline{A}(t,t',u) = \sum_{0 \leq n} (u^n/n!)\, \overline{A}_n(t,t') = \exp(ut' + C(t,u)) \quad (1)$$

où

$$C(t,u) = \sum_{2 \leq n} (u^n/n!) \, t \, A_{n-1}(t) \quad . \tag{2}$$

PREUVE.

Que θ' soit multiplicative découle de la propriété 3.11 et des définitions des vecteurs $E'\sigma$ et $\Delta E\sigma$ ($\sigma \in \mathfrak{S}_n$). Par conséquent, le membre de droite de l'identité (9) du chapitre III devient $\exp(\sum_{0 < n} (u^n/n!) \, \theta'\{\mathfrak{S}_n\})$. Pour $n = 1$, on a $\theta'\{\mathfrak{S}_n\} = t'$ et pour $n > 1$, on a d'après les propriétés 2.2 et 2.3, $\theta'\{\mathfrak{S}_n\} = \theta \Delta E\{\mathfrak{S}_n\} = t \, A_{n-1}(t)$.

Q.E.D.

Le théorème 4.1 nous a donné une identité sur les polynômes $\overline{A}_n(t,t')$. Nous allons maintenant trouver une formule explicite pour la fonction génératrice $\overline{A}(t,t',u)$ en utilisant les résultats de la section 6 du chapitre III.

THÉORÈME 4.2.

On a

$$\overline{A}(t,t',u) = \sum_{0 \leq n} (u^n/n!) \, \overline{A}_n(t,t') = (1-t)/(\exp((t-t')u) - t \exp((1-t')u)) \quad . \tag{3}$$

En particulier :

$$\overline{A}(t,t,u) = \sum_{0 \leq n} (u^n/n!) \, ^0A_n(t) = (1-t) / (1 - t \exp((1-t)u)) \qquad (4)$$

$$\overline{A}(t,1,u) = \sum_{0 \leq n} (u^n/n!) \, A_n(t) = (1-t) / (-t + \exp((t-1)u)) \qquad (5)$$

$$\overline{A}(t,0,u) = \sum_{0 \leq n} (u^n/n!) \, B_n(t) = (1-t) / (\exp(ut) - t \exp(u)) \qquad . \qquad (6)$$

PREUVE.

Avec les notations du théorème 3.13 , si l'on pose $a=t$, $b=t'$ et $c=1$, on a pour $\sigma \in \mathfrak{S}_n$ $(n > 0)$ l'égalité $\xi_{1,\sigma(1)} \cdots \xi_{n,\sigma(n)} = \theta'\sigma$; soit $\overline{A}_n(t,t') = \underline{\mathrm{Per}} \, \Xi_n$. La première identité résulte donc de la formule (11) du chapitre III . En posant successivement $t'=t$, puis $t'=1$, enfin $t'=0$, on obtient les trois suivantes.

Q.E.D.

Remarque 4.3.

Ces formules peuvent aussi s'obtenir par le procédé suivant. D'après la propriété 2.2 , on a $^0A_n(t) = t \, A_n(t)$ pour tout $n > 0$; on en tire

$$\overline{A}(t,t,u) = \sum_{0 \leq n} (u^n/n!) \, ^0A_n(t) = 1 + t \sum_{0 < n} (u^n/n!) \, A_n(t) \quad , \quad \text{soit}$$

$$\overline{A}(t,t,u) = 1 + t(\overline{A}(t,1,u) - 1) \quad . \qquad (7)$$

- 69 -

D'autre part, d'après le théorème 3.9 on a

$$\exp [C(t,u)] = \overline{A}(t,1,u) \exp(-u) \tag{8}$$

ou encore

$$\overline{A}(t,t,u) = \exp(ut - u) \overline{A}(t,1,u) \quad . \tag{9}$$

Du système formé par les deux équations (7) et (9), on déduit immédiatement les identités (4) et (5). On calcule ensuite $C(t,u)$ en utilisant la formule (8) et l'on en tire l'identité (3) en se servant du théorème 4.1.

Remarque 4.4.

Les formules (4) et (5) sont connues (cf. Riordan [24] p. 215 & 39). La formule (6) a été obtenue par Roselle [25], par les méthodes traditionnelles du calcul différentiel et intégral, dans le cas particulier où $B_n(t) = \theta M_n$ $(n > 0)$.

Notons encore que du théorème 4.1 résulte immédiatement, par simple dérivation, que la fonction génératrice $\underset{\sim}{A} = \overline{A}(t,1,u)$ est solution de l'équation différentielle de Bernoulli :

$$\frac{\partial}{\partial u} \underset{\sim}{A} = \underset{\sim}{A}(1 + t(\underset{\sim}{A} - 1)) \quad .$$

On peut aussi prouver ce résultat directement et pour ce faire, nous ferons la convention suivante que nous utiliserons encore dans la section 2 : si σ est dans $\mathfrak{S}_n$ $(n > 0)$, on considère σw comme le mot $\sigma(1)\, \sigma(2) \ldots \sigma(n)$ dont les lettres sont les éléments de $[n]$; lorsque σ est l'élément unique $\sigma_0 \in \mathfrak{S}_0$, σw est le <u>mot vide</u> $\sigma_0 w$. Si $f = y_1 y_2 \ldots y_m$ est un mot dont les lettres $y_1, y_2, \ldots, y_m$ sont des entiers tous distincts, on désigne par ω l'unique morphisme surjectif $\omega : \{y_1, y_2, \ldots, y_m\} \to [m]$ et l'on note ωf le mot $\omega y_1\, \omega y_2 \ldots \omega y_m$. On pose encore $\omega \sigma_0 w = \sigma_0 w$.

Prenons alors un mot $\sigma w \in \mathfrak{S}_{n+1}$ $(n \geq 0)$; il s'écrit univoquement $\sigma w = f(n+1)f'$. Considérons l'application $\sigma w \to (\omega f, \omega f')$; on a $\omega f \in \mathfrak{S}_m$ et $\omega f' \in \mathfrak{S}_{n-m}$ pour un certain m tel que $0 \leq m \leq n$ et puisque ω est un morphisme strictement croissant, on a encore :

$$|\Delta D \sigma| + \delta_{n,m} = |\Delta D \omega f| + |\Delta D \omega f'| + 1$$

où, comme d'usage, $\delta_{n,m} = 1$ ou 0 selon que $m = n$ ou $m \neq n$. D'autre part, l'image réciproque par l'application ci-dessus du couple $(\tau w, \tau' w)$ où $\tau \in \mathfrak{S}_m$ et $\tau' \in \mathfrak{S}_{n-m}$, contient exactement $\begin{bmatrix} n \\ m \end{bmatrix}$ éléments. On en déduit

$$A_{n+1}(t) = A_n(t) + t \sum_{0 \leq m < n} \begin{bmatrix} n \\ m \end{bmatrix} A_m(t) A_{n-m}(t) \quad (n \geq 0) \quad .$$

Il en résulte que la fonction génératrice $\underset{\sim}{A} = \overline{A}(t,1,u)$ est bien solution de l'équation différentielle précédente. Ce résultat a été établi pour la première fois par Riordan [23].

2. Fonction génératrice exponentielle des polynômes $^rA_n(t)$.

Posons pour $r > 0$,

$$^rA(t,u) = \sum_{r-1 \leq n} (u^{n-r+1} / (n-r+1)!) \, ^rA_n(t) \quad .$$

On a en particulier $^1A(t,u) = \overline{A}(t,1,u)$, dont on connaît déjà la formule explicite (cf. (5)). Le but de la présente section est d'établir l'identité remarquable suivante, due à Riordan ([24] p. 235)

$$^rA(t,u) = (r-1)! \, (^1A(t,u))^r \quad .$$

<u>Construction d'une bijection de</u> $\underset{0 \leq n}{\cup} \mathfrak{S}_{n+r-1}$ <u>sur le produit cartésien</u> $\mathfrak{S}_{r-1} \times \mathfrak{S}^{((r))}$ <u>de</u> $\mathfrak{S}_{r-1}$ <u>par le composé partitionnel marqué</u> $\mathfrak{S}^{((r))}$ ($r \geq 1$).

Tout d'abord, pour définir le composé partitionnel marqué $\mathfrak{S}^{((r))}$, il faut munir l'ensemble $\mathfrak{S}$ d'une application λ et nous prenons naturellement pour λ l'application définie par

$$\lambda\sigma = n \Leftrightarrow \sigma \in \mathfrak{S}_n \quad (n \in \underset{\sim}{N}) \quad .$$

Notons que l'élément unique $\sigma_0 \in \mathfrak{S}_0$ appartient à $\mathfrak{S}$, satisfait à $\lambda\sigma_0 = 0$ et est distinct de l'élément neutre e du monoïde $\mathfrak{S}^*$ pour lequel on a aussi $\lambda e = 0$.

Soit maintenant $\sigma \in \mathfrak{S}_{n+r-1}$ ($0 \leq n$) ; le <u>mot</u> σw s'écrit univoquement $\sigma w = g_1 \, i_1 \, g_2 \, i_2 \, \cdots \, g_{r-1} \, i_{r-1} \, g_r$ où $\{i_1, i_2, \ldots, i_{r-1}\} = [r-1]$ et où $g_1, g_2, \ldots, g_r$ sont des mots (éventuellement vides) dont les lettres sont des entiers. Soient $I_1, I_2, \ldots, I_r$ les sous-ensembles de $\underset{\sim}{N}$ dont les éléments sont respectivement les lettres des mots $g_1, g_2, \ldots, g_r$. Posant $\sigma_j w = w g_j$ pour chaque $j \in [r]$, (où w est le morphisme défini à la fin de la section précédente et où l'on a $\sigma_j = \sigma_0$ si le mot g_j est vide), on voit immédiatement que le mot

$$h = (\sigma_1, I_1)(\sigma_2, I_2) \ldots (\sigma_r, I_r)$$

est un élément du composé partitionnel marqué $\mathfrak{S}^{((r))}$.

On note $\beta'\sigma$ (=βh dans les notations du chapitre III) le mot $\sigma_1 \sigma_2 \ldots \sigma_r \in \mathfrak{S}^*$ de longueur r. Soit ensuite $\overline{\sigma}$ la permutation définie par

$$\overline{\sigma}w = i_1 i_2 \ldots i_{r-1} \quad .$$

On a $\overline{\sigma} \in \mathfrak{S}_{r-1}$ et comme

$$\lambda h = \lambda \beta' \sigma = \lambda \sigma_1 + \ldots + \lambda \sigma_r = \lambda \sigma - (r-1) = n \quad ,$$

on voit que l'application $\sigma \to (\overline{\sigma}, h)$ envoie $\mathfrak{S}_{n+r-1}$ dans $\mathfrak{S}_{r-1} \times \mathfrak{S}^{((r))} \cap \lambda^{-1}n$. Il est d'autre part immédiat de vérifier que cette application est bijective. Ceci achève la construction de la bijection cherchée.

Maintenant, puisque Card $\mathfrak{S}_{r-1}$ est égal à $(r-1)!$, on peut écrire

$$\Sigma \{\beta'\sigma/(\lambda\sigma-r+1)! : \sigma \in \mathfrak{S}_{n+r-1}\} =$$

$$= (r-1)! \, \Sigma \{\beta h/\lambda h! : h \in \mathfrak{S}^{((r))}\}$$

$$= (r-1)! \, (\Sigma \{\sigma/\lambda\sigma! : \sigma \in \mathfrak{S}\})^r \quad ,$$

d'après le théorème 3.2. Notant $\varpi_r\sigma$ l'image abélienne de $\beta'\sigma$, on obtient l'identité suivante valable dans l'algèbre large sur $\underline{Q}$ du monoïde abélien $\mathfrak{S}^+$

$$\Sigma \{\varpi_r(\sigma)/(\lambda\sigma-r+1)! : \sigma \in \bigcup_{0\leq n} \mathfrak{S}_{n+r-1}\} = (r-1)! \, (\Sigma \{\sigma/\lambda\sigma! : \sigma \in \mathfrak{S}\})^r \quad . \qquad (10)$$

Soient enfin $\mu : \mathfrak{S}^+ \to \Omega$ un morphisme dans un monoïde abélien Ω et u une indéterminée. Comme déjà vu au chapitre III, on vérifie que l'application $\sigma \to u^{\lambda\sigma} \mu\sigma$ ($\sigma \in \mathfrak{S}$) peut être prolongée en un morphisme continu φ de la $\underline{Q}$-algèbre large de $\mathfrak{S}^+$ dans $\bar{\Omega}[[u]]$. Appliquant φ aux deux membres de l'identité (10), on trouve

$$\sum_{0\leq n} (u^n/n!)\mu\varpi_r \{\mathfrak{S}_{n+r-1}\} = (r-1)! \, (\sum_{0\leq n} (u^n/n!)\mu\{\mathfrak{S}_n\})^r \quad . \qquad (11)$$

On a pour $r > 0$

$$^rA(t,u) = (r-1)! \, (^1A(t,u))^r \quad .$$

PREUVE.

Pour $r = 1$, il n'y a rien à démontrer. Supposons $r > 1$ et prenons pour μ le morphisme prolongeant l'application $\sigma \to \theta\Delta D\sigma = t^{|\Delta D\sigma|}$ au monoïde $\mathfrak{S}^+$. Si l'on a $\sigma \in \mathfrak{S}_{n+r-1}$ et $\sigma w = g_1 \, i_1 \, g_2 \, i_2 \, \ldots \, g_{r-1} \, i_{r-1} \, g_r$ avec $\{i_1, i_2, \ldots, i_{r-1}\} = [r-1]$, il vient $|\Delta D g_j| = |\Delta D w g_j|$ ($j \in [r]$), puisque w est un morphisme injectif. D'autre part, puisque le mot $g_1 g_2 \ldots g_r$ contient toutes les lettres du mot σw supérieures ou égales à r, on a $|\Delta'^{r-1}\Delta D\sigma| = \Sigma_j |\Delta D w g_j|$, d'où $\mu w_r \sigma = \theta\Delta'^{r-1}\Delta D\sigma$. On obtient alors d'après la propriété 2.2 $\mu w_r \{\mathfrak{S}_{n+r-1}\} = {}^r A_{n+r-1}(t)$. Comme on a d'autre part $\mu\{\mathfrak{S}_n\} = A_n(t)$, le théorème 4.5 résulte de l'identité (11).

Q.E.D.

3. Autres interprétations des polynômes eulériens.

Les techniques du chapitre précédent pourraient être appliquées à d'autres problèmes d'énumération. Par exemple, au lieu d'introduire la fonction multiplicative θ' du paragraphe 1, on peut poser pour chaque $\sigma \in \mathfrak{S}_n$ ($n > 0$)

$$\mu\sigma = \theta'\sigma \cdot r^{z(\sigma)}$$

où r est une indéterminée et où $z(\sigma)$ est le nombre de cycles de σ.

La fonction μ est évidemment multiplicative et l'on peut appliquer la proposition 3.12. De plus, on a, comme dans la preuve du théorème 4.1 ,

$$\mu\{\mathfrak{S}_n\} = t' \, r \qquad \text{pour } n = 1$$

$$= r \, \theta \Delta E \, \mathfrak{S}_n = r \, t \, A_{n-1}(t) \qquad \text{pour } n > 1 \quad .$$

La proposition 3.12 conduit donc à l'identité, dans laquelle $\mu\{\mathfrak{S}_0\} = 1$,

$$\sum_{0 \leq n} (u^n/n!) \, \mu\{\mathfrak{S}_n\} = \exp\left[r(ut' + \sum_{2 \leq n} (u^n/n!) \, t \, A_{n-1}(t) \,)\right] \quad . \quad (12)$$

Le membre de gauche de cette dernière identité est la fonction génératrice exponentielle des permutations classées <u>à la fois par nombre de cycles et par nombre d'excédances</u>. Maintenant les identités (3) et (12), ainsi que le théorème 4.1 permettent d'écrire, lorsque r est un entier positif

$$\sum_{0 \leq n} (u^n/n!) \, \mu\{\mathfrak{S}_n\} = (\overline{A}(t,t',u))^r \quad . \quad (13)$$

On obtient donc d'après (3) , la formule explicite de cette fonction génératrice exponentielle.

Si nous posons identiquement $t' = 1$, nous obtenons $\mu\{\mathfrak{S}_n\} = \Sigma \, \{t^{|\Delta E \sigma|} \, r^{z(\sigma)} : \sigma \in \mathfrak{S}_n\}$ que nous allons désigner par $Q_n(t,r)$ ($n > 0$) . On posera également $Q_0(t,r) = 1$. Il résulte de (13) que l'on a, lorsque r est un entier positif,

$$(r-1)! \sum_{0 \leq n} (u^n/n!) \, Q_n(t,r) = (r-1)! \, (^1A(t,u))^r$$

$$= {}^rA(t,u) \qquad \text{d'après le théorème 4.5}$$

$$= \sum_{0 \leq n} (u^n/n!) \, {}^rA_{n+r-1}(t) \quad .$$

On en déduit une nouvelle interprétation des polynômes ${}^rA_n(t)$, à savoir

$$^rA_{n+r-1}(t) = (r-1)! \, Q_n(t,r) \qquad (r > 0) \quad . \qquad (14)$$

Enfin, désignons par $s(\sigma)$ le nombre des éléments saillants de la suite $\sigma\omega$ où $\sigma \in \mathfrak{S}_n$ $(n > 0)$. Comme l'on a $|M\sigma| + |\Delta E\sigma| = n$ et $s(\hat{\sigma}) = z(\sigma)$, on obtient

$$\sum \{t^{|M\sigma|} \, r^{s(\sigma)} : \sigma \in \mathfrak{S}_n\} = t^n \sum \{t^{-|\Delta E\sigma|} \, r^{z(\sigma)} : \sigma \in \mathfrak{S}_n\}$$

$$= t^n \, Q_n(t^{-1}, r) \quad . \qquad (15)$$

Le premier membre de l'identité (15) est le polynôme générateur des permutations $\sigma \in \mathfrak{S}_n$ classées à la fois suivant <u>leur nombre d'éléments saillants et leur nombre de montées</u>. Ce polynôme générateur a été considéré pour la première fois par Dillon et Roselle [10] qui ont à son sujet prouvé un certain nombre d'identités, qu'on pourrait retrouver à partir des formules (14) et (15) et des résultats de ce chapitre.

Enfin, notons que la propriété 2.6 fait apparaître que les coefficients des polynômes ${}^rA_n(t)$ sont tous divisibles par $r!$ (ce que ne fait pas apparaître le théorème 4.5). Si donc on pose

$$ {}^rA_n(t) = r! \, {}^rP_n(t) \quad , $$

il semble intéressant d'obtenir une interprétation pour les polynômes ${}^rP_n(t)$ $(0 \leq r \leq n)$.

D'abord, si $r = n$, on a ${}^rP_n(t) = 1$ et pour $r = 0$ et 1, on a ${}^rP_n(t) = {}^rA_n(t)$. On fait donc l'hypothèse $1 < r < n$.

La restriction de tout $\sigma \in \mathfrak{S}_n$ à $[n-r]$ est une injection de $[n-r]$ dans $[n]$ que nous noterons $\varphi\sigma$. L'application φ est évidemment une surjection de $\mathfrak{S}_n$ sur l'ensemble $\mathcal{J}_{n-r,n}$ des injections de $[n-r]$ dans $[n]$ telle que l'image inverse de tout $\tau \in \mathcal{J}_{n-r,n}$ a $r!$ éléments. Introduisons l'application Λ de $\mathbb{N}^p_\mathbb{M}$ ($p > 0$) dans lui-même envoyant chaque vecteur $(x_1, x_2, \ldots, x_p)$ sur $((x_1-1)_+, (x_2-1)_+, \ldots, (x_p-1)_+)$. On a ainsi $\Delta = \Delta''\Lambda = \Lambda\Delta''$ et $\Delta^r = \Delta''^r \Lambda^r$ pour $r > 0$. Définissant le vecteur-excédance d'une injection de façon évidente, on a ainsi

$$ \Delta^r E\sigma = (\, (\sigma(1)-r)_+, \ldots, (\sigma(n-r)-r)_+ \,) $$

$$ = \Lambda^r E \varphi \sigma \quad . $$

D'où l'on déduit $\Delta^r E \mathfrak{S}_n = r! \, \Lambda^r E \, \mathcal{J}_{n-r,n}$ et par suite

$$^r A_n(t)/r! = {^r P_n(t)} = \theta \Lambda^r E \, \mathcal{J}_{n-r,n} \quad .$$

Cette dernière interprétation des polynômes $^r A_n(t)/r!$ est due à Strosser [28].

*

CHAPITRE V

LES SOMMES ALTERNÉES $A_n(-1)$ ET $B_n(-1)$.

1. <u>Distribution du nombre des descentes sur</u> $\mathfrak{S}'_n$.

Nous attachons à chaque $\sigma \in \mathfrak{S}'_n$ ($= \{\sigma \in \mathfrak{S}_n : \sigma(1) = n\}$) un mot $V(\sigma) = v_1 v_2 \ldots v_n$ dans les lettres de l'alphabet $X = \{m, \overline{m}, d, \overline{d}\}$ par les règles suivantes, où, par définition, $\sigma(n+1) = \sigma(1)$ ($=n$).

(1) Pour chaque $j \in [n]$, on a $v_j \in \{d, \overline{d}\}$ ou $v_j \in \{m, \overline{m}\}$ selon que $\sigma(j) > \sigma(j+1)$ ou $\sigma(j) < \sigma(j+1)$;

(2) si $v_j \in \{d, \overline{d}\}$, $j \in [n-1]$, on a $v_j = d$ ou $\overline{d}$ selon que v_{j+1} est dans $\{d, \overline{d}\}$ ou dans $\{m, \overline{m}\}$;

(3) si $v_j \in \{m, \overline{m}\}$ ($1 < j \leq n$), on a $v_j = m$ ou $\overline{m}$ selon que $v_{j-1} \in \{m, \overline{m}\}$ ou $v_{j-1} \in \{d, \overline{d}\}$.

En raison de $\sigma(1) = \sigma(n+1) = n$, on a toujours $v_1 \in \{d, \overline{d}\}$, $v_n \in \{m, \overline{m}\}$ et les seules occurences des lettres $\overline{d}$ et $\overline{m}$ se rencontrent dans les facteurs $v_j v_{j+1} = \overline{d}\,\overline{m}$ correspondant aux indices $j \in [n-1]$ tels que $\sigma(j) > \sigma(j+1) < \sigma(j+2)$. Par exemple, pour $\sigma(w) = (7,1,4,6,3,2,5)$ on aurait $V(\sigma) = \overline{d}\,\overline{m}\,m\,d\,\overline{d}\,\overline{m}\,m$.

Introduisons maintenant pour toute lettre x et tout mot g la <u>dérivation</u> ($g \frac{\partial}{\partial x}$) envoyant chaque mot $f = x_1 x_2 \ldots x_p$ sur l'ensemble pondéré formé de tous les mots obtenus en remplaçant dans f chaque occurrence de la lettre x par le mot g. Formellement $g\frac{\partial}{\partial x}$ est l'opérateur linéaire défini par sa restriction à X, à savoir $(g\frac{\partial}{\partial x})x' = g$ ou x' selon que $x' = x$ ou $x' \in X \setminus \{x\}$ et par l'identité $(g\frac{\partial}{\partial x})ff' = (g\frac{\partial}{\partial x})f \cdot f' + f \cdot (g\frac{\partial}{\partial x})f'$. Donc si $f = f_1 x f_2 x \ldots f_{r-1} x f_r$, où les f_i ne contiennent pas la lettre x, l'on aura :

$$(g\frac{\partial}{\partial x})f = f_1 g f_2 x \ldots f_{r-1} x f_r + f_1 x f_2 g \ldots f_{r-1} x f_r + \ldots + f_1 x f_2 x \ldots f_{r-1} g f_r .$$

Par exemple, on a :

$$(\bar{d}\,\bar{m}\,\frac{\partial}{\partial m})(\bar{d}\,\bar{m}\,m\,d\,\bar{d}\,\bar{m}\,m) = \bar{d}\,\bar{m}\,\bar{d}\,\bar{m}\,m\,d\,\bar{d}\,\bar{m}\,m + \bar{d}\,\bar{m}\,m\,d\,\bar{d}\,\bar{m}\,\bar{d}\,\bar{m}$$

LEMME 5.1.

Soit

$$\nabla = (d\,\bar{d}\,\frac{\partial}{\partial \bar{d}}) + (\bar{m}\,m\,\frac{\partial}{\partial \bar{m}}) + (\bar{d}\,\bar{m}\,\frac{\partial}{\partial d}) + (\bar{d}\,\bar{m}\,\frac{\partial}{\partial m}) .$$

<u>On a identiquement</u> $\nabla \mathfrak{S}'_n = \nabla \nabla \mathfrak{S}'_{n-1}$ $(n \geq 2)$.

PREUVE.

Il existe une bijection de $\mathfrak{S}'_{n-1} \times [n]$ sur $\mathfrak{S}'_n$ envoyant chaque $(\sigma', k) \in \mathfrak{S}'_{n-1} \times [n]$ sur la permutation $\sigma \in \mathfrak{S}'_n$ telle que σw soit obtenue en ajoutant 1 à tous les chiffres de $\sigma'w$ et en insérant 1 entre le k-ième et le (k+1)-ième terme de $\sigma'w$. Soit $V(\sigma') = v'_1 v'_2 \ldots v'_{n-1}$

et supposons $v'_k \in \{d, \bar{d}\}$ c'est-à-dire $1 \leq k < n-1$ et $\sigma'(k) > \sigma'(k+1)$. On a $\sigma(k) = 1 + \sigma'(k) > \sigma(k+1) = 1 < \sigma(k+2) = 1 + \sigma'(k+1)$, donnant dans $V(\sigma)$ le facteur $v_k v_{k+1} = \bar{d} \bar{m}$. Maintenant :

i) si $v'_k = \bar{d}$, c'est-à-dire si $v'_{k+1} = \bar{m}$ et $\sigma'(k+1) < \sigma'(k+2)$ on a $v_{k+2} = m$ puisque $\sigma(k+2) = 1 + \sigma'(k+1) < \sigma(k+3) = 1 + \sigma'(k+2)$ et toute l'opération équivaut au remplacement de $v'_{k+1} = \bar{m}$ par $v_{k+1} v_{k+2} = \bar{m} m$. Remarquons qu'avec nos conventions, si $k = n-2$, on a $\sigma'(k+2) = \sigma'(n) = \sigma'(1) = n-1$;

ii) si $v'_k = d$, c'est-à-dire si $\sigma'(k+1) < \sigma'(k+2)$, on a encore $v_{k+2} \in \{d, \bar{d}\}$ et $V(\sigma)$ est déduit de $V(\sigma')$ en remplaçant $v'_k = d$ par $v_k v_{k+1} = \bar{d} \bar{m}$.

Un raisonnement analogue s'applique si $v'_k = m$ ou $\bar{m}$.

Q.E.D.

Notons maintenant α le morphisme canonique envoyant le monoïde libre engendré par $\{m, \bar{m}, d, \bar{d}\}$ sur le monoïde commutatif libre de même base.

THÉORÈME 5.2.

<u>Il existe des entiers positifs $c_{n,k}$ tels que</u>

$$\alpha V \mathfrak{S}'_n = \sum_{0 < 2k \leq n} c_{n,k} (\bar{d} \bar{m})^k (d + m)^{n-2k} \qquad (n \geq 2) \quad .$$

PREUVE.

Pour $n=2$, on a $V\mathfrak{S'}_n = \bar{d}\,\bar{m}$ et le résultat s'en déduit par induction sur n puisque ∇ commute avec α.

Q.E.D.

Remarque 5.3.

Les coefficcients $c_{n,k}$ des polynômes $\alpha V\mathfrak{S'}_n$ obéissent à des relations de récurrence qu'il est facile d'établir. Posons, par convention, $c_{n,k} = 0$ si $k < 1$ ou si $2k > n$; on a alors les relations :

$$c_{2,1} = 1 \text{ et, pour } n \geq 3, k \geq 1$$

$$c_{n,k} = k\, c_{n-1,k} + 2(n+1-2k)\, c_{n-1,k-1} \quad .$$

Remarque 5.4.

La fonction génératrice des nombres $c_{n,k}$ est donnée par Barton & David ([3] p. 180, voir aussi [17]). La théorie de ces auteurs se rattache aux considérations présentes en utilisant l'observation suivante dont la démonstration est laissée au lecteur.

Pour $\sigma \in \mathfrak{S}_{n-1}$, soit $\sigma' \in \mathfrak{S'}_n$ définie par $\sigma'(1) = n$, $\sigma'(1+j) = n+1-\sigma(n-j)$. Le nombre des facteurs d ou $\bar{d}$ de $V(\sigma')$ surpasse de 1 le nombre des $j \in [n-1]$ tels que $\sigma(j) > \sigma(j-1)$ et le nombre des facteurs $\bar{d}\,\bar{m}$ de $V(\sigma')$ est égal au nombre des $j \in [n-2]$ tels que $\sigma(j) > \sigma(j+1) < \sigma(j+2)$, augmenté d'une unité.

2. Applications aux polynômes eulériens.

Le théorème 5.2 va nous permettre de donner une interprétation combinatoire aux nombres $A_n(-1)$. Il est commode, tout d'abord, de noter la relation suivante sur les cardinaux des ensembles $\mathfrak{T}_n$ des permutations alternées (Cf. chap. I, § 9).

PROPRIÉTÉ 5.5.

Pour $p > 0$, on a

$$\text{Card } \mathfrak{T}_{2p-1} = \text{Card } \mathfrak{T}_{2p} \cap \mathfrak{S}'_{2p} \quad .$$

PREUVE.

En effet, l'application qui envoie chaque $\sigma' \in \mathfrak{S}'_n$ telle que $V(\sigma') = (\overline{d}\,\overline{m})^p$ ($n = 2p > 1$) sur l'élément $\sigma \in \mathfrak{S}_{n-1}$ défini par $\sigma(j) = \sigma'(j+1)$ ($j \in [n-1]$), est une bijection sur $\mathfrak{T}_{n-1}$. D'autre part, il est clair que l'on a :

$$\mathfrak{T}_{2p} \cap \mathfrak{S}'_{2p} = \{\sigma' \in \mathfrak{S}'_{2p} : V(\sigma') = (\overline{d}\,\overline{m})^p \} \quad .$$

Q.E.D.

THÉORÈME 5.6.

On a pour $n \geq 2$ l'identité

$$t\, A_{n-1} = \sum_{0 < 2k \leq n} c_{n,k}\, t^k (1+t)^{n-2k} \quad . \tag{1}$$

On a, de plus, pour $p \geq 1$

$$A_{2p}(-1) = 0 \qquad \underline{\text{et}}$$

$$(-1)^{p-1} A_{2p-1}(-1) = \text{Card } \mathfrak{X}_{2p-1} \quad .$$

PREUVE.

Pour $\sigma' \in \mathfrak{S}'_n$, le nombre des occurences des lettres d ou $\bar{d}$ dans $V(\sigma')$ est égal à $|\Delta D\sigma'|$, puisque l'on a $v_n \in \{m, \bar{m}\}$. Or d'après les propriétés 2.2 et 2.3, on a $\theta\Delta D\,\mathfrak{S}'_n = {}^0\!A_{n-1}(t) = t\,A_{n-1}(t)$. On en déduit que $t\,A_{n-1}(t)$ est obtenu en faisant $d = \bar{d} = t$ et $m = \bar{m} = 1$ dans $\alpha V\,\mathfrak{S}'_n$. La formule (1) résulte alors du théorème 5.2.

D'autre part, le second membre de la formule (1) admet le facteur $(1 + t)$ si n est impair. On en conclut que $A_{2p}(-1)$ est nul pour $p \geq 1$. Au contraire, pour $n = 2p \geq 2$, on voit que $c_{2p,p} = (-1)^{p-1} A_{2p-1}(-1)$. Or

$$c_{2p,p} = \text{Card } \{\sigma' \in \mathfrak{S}'_{2p} : V(\sigma') = (\bar{m}\,\bar{d})^p\} = \text{Card } \mathfrak{X}_{2p} \cap \mathfrak{S}'_{2p} = \text{Card } \mathfrak{X}_{2p-1}$$

d'après la propriété 5.5. Le théorème 5.6 en résulte.

Q.E.D.

3. Applications aux polynômes $B_n(t)$.

Nous donnons enfin des identités analogues à celles du théorème 4.6, concernant les polynômes $B_n(t) = \theta E \, \mathcal{B}_n = \theta M \, \mathcal{G}_n$, où comme précédemment

$$\mathcal{B}_n = \{\sigma \in \mathfrak{S}_n : \sigma(j) \neq j\} \quad ,$$

$$\mathcal{G}_n = \{\sigma \in \mathfrak{S}_n : 1 \neq \sigma(1) \; ; \; 1 + \sigma(j) \neq \sigma(j+1)\} \quad .$$

Pour démontrer le théorème 5.9 ci-dessous, nous allons de nouveau appliquer la formule exponentielle et utiliser les propriétés élémentaires des permutations et de la transformation fondamentale du chapitre I.

Pour $n = 2p > 0$ et $\sigma \in \mathfrak{S}_n$, nous posons $\mu\sigma = 1$ si et seulement si σ est biexcédée, c'est-à-dire $\sigma \in \mathcal{B}$ (Cf. chap. I, § 9) et $\mu\sigma = 0$ dans les autres cas.

LEMME 5.7.

L'application μ est multiplicative. En d'autres termes, σ est une permutation biexcédée, si tous les termes de sa factorisation canonique sont aussi des permutations biexcédées.

PREUVE.

Ce lemme résulte encore de la propriété 3.11. Soit $\sigma_1 \sigma_2 \ldots \sigma_r$ la décomposition en produit de cycles disjoints d'une permutation $\sigma \in \mathcal{B}$ et

$(f_1,I_1) (f_2,I_2) \ldots (f_r,I_r)$ sa factorisation canonique. Avec les mêmes notations que dans la propriété 3.11 , on a $f_j = \tau_j \sigma_j \tau_j^{-1}$ $(j \in [r])$. Par suite

$$i < \sigma(i) \Leftrightarrow \tau_j(i) < f_j \tau_j(i) \quad \text{et}$$

$$i < \sigma^{-1}(i) \Leftrightarrow \sigma\sigma^{-1}(i) < \sigma^{-1}(i) \Leftrightarrow f_j \tau_j \sigma^{-1}(i) < \tau_j \sigma^{-1}(i)$$

$$\Leftrightarrow \tau_j(i) < f_j^{-1} \tau_j(i)$$

puisque les entiers i et $\sigma^{-1}(i)$ appartiennent à la même orbite. On a les mêmes équivalences en remplaçant le symbole $<$ par $>$.

Q.E.D.

LEMME 5.8.

On a pour $p > 0$

$$\mu\{\mathfrak{S}_{2p}\} = \text{Card } \mathfrak{g}_{2p} \quad \text{et} \quad \mu\{\mathfrak{S}_{2p-1}\} = \mu\{\mathfrak{S}_{2p-1}\} = 0 \qquad (2)$$

et

$$\mu\{\mathfrak{S}_{2p}\} = \text{Card } \mathfrak{g}_{2p} \cap \mathfrak{C}_{2p} = \text{Card } \mathfrak{X}_{2p} \cap \mathfrak{S}'_{2p} \qquad . \qquad (3)$$

PREUVE.

Les relations (2) résultent de la définition de μ et de la proposition 1.14 .

D'après la propriété 1.10 et la proposition 1.14 , la transformation fondamentale $\sigma \to \hat{\sigma}$ est une bijection de $\mathfrak{S}_{2p} \cap \mathfrak{B}_{2p}$ sur $\mathfrak{S'}_{2p} \cap \mathfrak{X}_{2p}$.

La relation (3) est ainsi vérifiée.

Q.E.D.

Pour la démonstration du théorème ci-dessous, l'utilisation des nombres complexes est une simple commodité d'écriture évitant de recourir au produit de Hadamard.

THÉORÈME 5.9.

> Pour $p > 0$, on a
>
> $$B_{2p-1}(-1) = 0$$
>
> $$(-1)^p B_{2p}(-1) = \text{Card } \mathfrak{X}_{2p} \quad .$$

PREUVE.

On applique la formule (9) du chapitre III avec l'application multiplicative μ du lemme 5.7 . Le premier membre de cette formule s'écrit d'après (2)

$$1 + \sum_{0 < n} (u^n/n!) \text{ Card } \mathfrak{B}_n \quad .$$

Maintenant, on a pour $p > 0$

$$\mu\{\mathfrak{T}_{2p}\} = \text{Card } \mathfrak{T}_{2p} \cap \mathfrak{S}'_{2p} \qquad \text{(d'après (3))}$$

$$= \text{Card } \mathfrak{T}_{2p-1} \qquad \text{(d'après la propriété 5.5)}$$

$$= (-1)^{p-1} A_{2p-1}(-1) \qquad \text{(d'après le théorème 5.6)} \quad .$$

Compte-tenu de la relation (2) le second membre de la formule (9) du chapitre III s'écrit donc

$$\exp \left[\sum_{0<p} (u^{2p} / (2p)!) (-1)^{p-1} A_{2p-1}(-1) \right] \quad .$$

En utilisant le fait que $A_n(-1) = 0$ si n est pair, on en déduit :

$$\sum_{0 \leq n} (u^n/n!) \text{ Card } \mathfrak{B}_n = \exp \left[\sum_{2 \leq n} ((iu)^n/n!) (-1) A_{n-1}(-1) \right]$$

où i est le nombre complexe de module 1 et d'argument $\pi/2$. Mais le nombre de droite de cette dernière équation est la valeur pour $t = -1$ de l'expression $\exp \left[\sum_{2 \leq n} ((iu)^n/n!) t A_{n-1}(t) \right]$, qui d'après le théorème 4.1 est égale à $\sum_{0 \leq n} ((iu)^n/n!) B_n(t)$. En identifiant terme à terme, il en résulte que l'on a $B_n(-1) = 0$ si n est impair et que pour $n = 2p$, on a $(-1)^p B_{2p}(-1) = \text{Card } \mathfrak{B}_{2p} = \text{Card } \mathfrak{T}_{2p}$ d'après la proposition 1.14 .

Q.E.D.

4. Les développements de tg u et de 1/cos u.

De l'identité (5) du théorème 4.2, on tire :

$$\sum_{0 \leq n} ((iu)^n/n!) \, A_n(-1) = 2 / (1 + e^{-2iu}) \quad ,$$

qu'on peut réécrire :

$$\sum_{0 < n} (u(iu)^{n-1}/n!) \, A_n(-1) = (1 - e^{-2iu}) / (i(1 + e^{-2iu})) = \text{tg } u$$

soit, en utilisant le théorème 5.6,

$$\text{tg } u = \sum_{0 < p} (u^{2p-1} / (2p-1)!) \, \text{Card } \mathfrak{T}_{2p-1} \quad . \tag{4}$$

De même, d'après l'identité (6) du théorème 4.2, on a

$$\sum_{0 \leq n} ((iu)^n/n!) \, B_n(-1) = 2 / (e^{-iu} + e^{iu}) = 1 / \cos u \quad .$$

D'après le théorème 5.9, on déduit donc :

$$1 / \cos u = 1 + \sum_{0 < p} (u^{2p} / (2p)!) \, \text{Card } \mathfrak{T}_{2p} \quad . \tag{5}$$

Les identités (4) et (5) sont dues à Désiré André [1]. Nous avons pu les établir ici sans recourir aux méthodes traditionnelles du calcul différentiel et intégral, en n'utilisant que l'identité de Cauchy et des constructions sur la catégorie des ensembles totalement ordonnés finis.

- 90 -

Nous laissons au lecteur l'amusement de vérifier par les mêmes techniques la formule élémentaire

$$1 / \cos u = \exp \left[\int \operatorname{tg} u \, du \right]$$

en utilisant une définition appropriée de l'intégrale.

5. <u>Table des nombres d'Euler</u>.

On a souvent appelé <u>nombres d'Euler</u> les coefficients du développement de $\operatorname{tg} u$ et de $1 / \cos u$. Les valeurs numériques de ces premiers coefficients ont déjà été obtenues par Euler lui-même (voir [16] pp. 299-301). Nous reproduisons ci-dessous ces premières valeurs. Rappelons que pour $n > 0$, $n > 0$, on note $\mathfrak{T}_n$ le sous-ensemble de $\mathfrak{S}_n$ formé par les permutations <u>alternées</u>, qu'on a ensuite les identités

$$(-1)^{p-1} A_{2p-1}(-1) = \operatorname{Card} \mathfrak{T}_{2p-1}$$

$$(-1)^p B_{2p}(-1) = \operatorname{Card} \mathfrak{T}_{2p} \qquad (p > 0) \quad .$$

Le tableau des quantités

$$t_n = \operatorname{Card} \mathfrak{T}_n \quad \text{pour} \quad n = 1, 2, \ldots, 14$$

est alors le suivant :

n	t_n
1	1
2	1
3	2
4	5
5	16
6	61
7	272
8	1385
9	7936
10	50521
11	353792
12	2702765
13	22368256
14	199360981

*

RÉFÉRENCES.

1. D. ANDRÉ — Développements de sec x et de tang x, <u>C.R. Acad. Sc. Paris</u>, 88 (1879), p. 965-967.

2. D. ANDRÉ — Mémoire sur le nombre des permutations alternées, <u>Journ. de Math.</u> 7 (1881), p. 167.

3. D.E. BARTON & F.N. DAVID - <u>Combinatoriel Chance</u>, Griffin, London, (1962).

4. L. CARLITZ — Eulerian numbers and polynomials, <u>Math. Magazine</u> 32 (1959), p. 247-260.

5. L. CARLITZ — Eulerian numbers and polynomials of higher order, <u>Duke Math. J.</u> 27 (1960), p. 401-423.

6. L. CARLITZ — A note on Eulerian numbers, <u>Arch. Math.</u> 14 (1963), p. 383-390.

7. L. CARLITZ & J. RIORDAN - Congruences for Eulerian Numbers, <u>Duke Math. J.</u> 20 (1953), p. 339-343.

8. L. CARLITZ, D.P. ROSELLE & R.A. SCOVILLE - Permutations and sequences with repetitions by number of increases, <u>J. of Combinatorial Theory</u> 1 (1966), p. 350-374.

9. P. CARTIER & D. FOATA - <u>Problèmes combinatoires de commutation et réarrangements</u>. Lecture Notes in Math., n° 85, Springer-Verlag, Berlin (1969).

10. J.F. DILLON & D.P. ROSELLE - Eulerian numbers of higher order, <u>Duke Math. J.</u> 35 (1968), p. 247-256.

11. R.C. ENTRINGER - A combinatorial interpretation of the Euler and Bernoulli numbers, <u>Nieuw Arch. V. Wiskunde</u>, 14 (1966), p. 241-246.

12. D. FOATA — Etude algébrique de certains problèmes d'analyse combinatoire et du calcul des probabilités. <u>Publ. Inst. Statist. Univ. Paris</u>, 14 (1965), p. 81-241.

13. G. FROBENIUS — Über die Bernoullischen Zahlen und die Eulerschen Polynome, <u>Sitz. Berichte Preuss. Akad. Wiss.</u>, (1910), p. 808-847.

14. R. FRUCHT — A combinatorial approach to the Bell polynomials and their generalisations. <u>Recent Progress in Combinatorics</u> (W.T. Tutte, Ed.), Academic Press, London & New York (1964), p. 69-74.

15. R. FRUCHT y G.-C. ROTA - Polinomios de Bell y partitiones de conjuntos finitos, <u>Scientia</u>, 126 (1965), p. 5-10.

16. Ch. JORDAN — <u>Calculus of finite differences</u>, Röttig & Romwalter, Budapest (1939).

17. W.O. KERMACK & A.G. Mc KENDRICK - Some distributions associated with a randomly arranged set of numbers, <u>Proc. Roy. Soc. Edinburgh Sect. A.</u>, 57 (1937), p. 332-376.

18. B. KITTEL — Communication privée.

19. P.A. MAC MAHON - Second memoir on the composition of numbers, <u>Phil. Trans. Royal Soc. London</u>, A 207 (1908), p. 65-134.

20. P.A. MAC MAHON - Combinatory Analysis, Cambridge Univ. Press (1915-1916).

21. E. NETTO — Lehrbuch der Combinatorik, B.G. Teubner, Leipzig (1900).

22. F. POUSSIN — Sur une propriété arithmétique de certains polynômes associés aux nombres d'Euler, C.R. Acad. Sc. Paris, 266 (1968), p. 392-393.

23. J. RIORDAN — Triangular permutations numbers, Proc. Amer. Math. Soc. 2 (1951), p. 404-407.

24. J. RIORDAN — An Introduction to Combinatorial Analysis, Wiley, New York, (1959).

25. D.P. ROSELLE — Permutations by number of rises and successions, Proc. Amer. Math. Soc. 19 (1968), p. 8-16.

26. G.-C. ROTA — On the foundations of Combinatorial Theory, J. Wahrscheinlichkeitstheorie, 2 (1966), p. 340-368.

27. E.B. SHANKS — Iterated sums of powers of binomial coefficients, Amer. Math. Monthly, 58 (1951), p. 404-407.

28. R. STROSSER — Séminaire de Théorie Combinatoire, I.R.M.A., Université de Strasbourg, 1969-70.

29. G.E. UHLENBECK & G.W. FORD - The theory of graphs with applications to the virial development of the properties of gases. Studies in Statistical Mechanics, vol. I (J. de Boer & G.E. Uhlenbeck, Ed.), North-Holland, Amsterdam (1962), p. 119-211.

30. Ph. WELSCHINGER - Séminaire de Théorie Combinatoire, I.R.M.A., Université de Strasbourg, 1969-70.

31. J. WORPITZKY — Studien über die Bernoullischen und Eulerschen Zahlen, J. für die reine und angewandte Math. 94 (1883), p. 203-232.

Lecture Notes in Mathematics

Bisher erschienen/Already published

Vol. 1: J. Wermer, Seminar über Funktionen-Algebren. IV, 30 Seiten. 1964. DM 3,80 / $ 1.10

Vol. 2: A. Borel, Cohomologie des espaces localement compacts d'après. J. Leray. IV, 93 pages. 1964. DM 9,– / $ 2.60

Vol. 3: J. F. Adams, Stable Homotopy Theory. Third edition IV, 78 pages. 1969. DM 8,– / $ 2.20

Vol. 4: M. Arkowitz and C. R. Curjel, Groups of Homotopy Classes. 2nd. revised edition. IV, 36 pages. 1967. DM 4,80 / $ 1.40

Vol. 5: J.-P. Serre, Cohomologie Galoisienne. Troisième édition. VIII, 214 pages. 1965. DM 18,– / $ 5.00

Vol. 6: H. Hermes, Term Logic with Choise Operator. III, 55 pages. 1970. DM 6,– / $ 1.70

Vol. 7: Ph. Tondeur, Introduction to Lie Groups and Transformation Groups. Second edition. VIII, 176 pages. 1969. DM 14,– / $ 3.80

Vol. 8: G. Fichera, Linear Elliptic Differential Systems and Eigenvalue Problems. IV, 176 pages. 1965. DM 13,50 / $ 3.80

Vol. 9: P. L. Ivănescu, Pseudo-Boolean Programming and Applications. IV, 50 pages. 1965. DM 4,80 / $ 1.40

Vol. 10: H. Lüneburg, Die Suzukigruppen und ihre Geometrien. VI, 111 Seiten. 1965. DM 8,– / $ 2.20

Vol. 11: J.-P. Serre, Algèbre Locale. Multiplicités. Rédigé par P. Gabriel. Seconde édition. VIII, 192 pages. 1965. DM 12,– / $ 3.30

Vol. 12: A. Dold, Halbexakte Homotopiefunktoren. II, 157 Seiten. 1966. DM 12,– / $ 3.30

Vol. 13: E. Thomas, Seminar on Fiber Spaces. IV, 45 pages. 1966. DM 4,80 / $ 1.40

Vol. 14: H. Werner, Vorlesung über Approximationstheorie. IV, 184 Seiten und 12 Seiten Anhang. 1966. DM 14,– / $ 3.90

Vol. 15: F. Oort, Commutative Group Schemes. VI, 133 pages. 1966. DM 9,80 / $ 2.70

Vol. 16: J. Pfanzagl and W. Pierlo, Compact Systems of Sets IV, 48 pages. 1966. DM 5,80 / $ 1.60

Vol. 17: C. Müller, Spherical Harmonics. IV, 46 pages. 1966. DM 5,– / $ 1.40

Vol. 18: H.-B. Brinkmann und D. Puppe, Kategorien und Funktoren. XII, 107 Seiten. 1966. DM 8,– / $ 2.20

Vol. 19: G. Stolzenberg, Volumes, Limits and Extensions of Analytic Varieties. IV, 45 pages. 1966. DM 5,40 / $ 1.50

Vol. 20: R. Hartshorne, Residues and Duality. VIII, 423 pages. 1966. DM 20,– / $ 5.50

Vol. 21: Seminar on Complex Multiplication. By A. Borel, S. Chowla, C. S. Herz, K. Iwasawa, J.-P. Serre. IV, 102 pages. 1966. DM 8,– /$ 2.20

Vol. 22: H. Bauer, Harmonische Räume und ihre Potentialtheorie. IV, 175 Seiten. 1966. DM 14,– / $ 3.90

Vol. 23: P. L. Ivănescu and S. Rudeanu, Pseudo-Boolean Methods for Bivalent Programming. 120 pages. 1966. DM 10,– / $ 2.80

Vol. 24: J. Lambek, Completions of Categories. IV, 69 pages. 1966. DM 6,80 / $ 1.90

Vol. 25: R. Narasimhan, Introduction to the Theory of Analytic Spaces. IV, 143 pages. 1966. DM 10,– / $ 2.80

Vol. 26: P.-A. Meyer, Processus de Markov. IV, 190 pages. 1967. DM 15,– / $ 4.20

Vol. 27: H. P. Künzi und S. T. Tan, Lineare Optimierung großer Systeme. VI, 121 Seiten. 1966. DM 12,– / $ 3.30

Vol. 28: P. E. Conner and E. E. Floyd, The Relation of Cobordism to K-Theories. VIII, 112 pages. 1966. DM 9,80 / $ 2.70

Vol. 29: K. Chandrasekharan, Einführung in die Analytische Zahlentheorie. VI, 199 Seiten. 1966. DM 16,80 / $ 4.70

Vol. 30: A. Frölicher and W. Bucher, Calculus in Vector Spaces without Norm. X, 146 pages. 1966. DM 12,– / $ 3.30

Vol. 31: Symposium on Probability Methods in Analysis. Chairman. D. A. Kappos.IV, 329 pages. 1967. DM 20,– / $ 5.50

Vol. 32: M. André, Méthode Simpliciale en Algèbre Homologique et Algèbre Commutative. IV, 122 pages. 1967. DM 12,– / $ 3.30

Vol. 33: G. I. Targonski, Seminar on Functional Operators and Equations. IV, 110 pages. 1967. DM 10,– / $ 2.80

Vol. 34: G. E. Bredon, Equivariant Cohomology Theories. VI, 64 pages. 1967. DM 6,80 / $ 1.90

Vol. 35: N. P. Bhatia and G. P. Szegö, Dynamical Systems. Stability Theory and Applications. VI, 416 pages. 1967. DM 24,– / $ 6.60

Vol. 36: A. Borel, Topics in the Homology Theory of Fibre Bundles. VI, 95 pages. 1967. DM 9,– / $ 2.50

Vol. 37: R. B. Jensen, Modelle der Mengenlehre. X, 176 Seiten. 1967. DM 14,– / $ 3.90

Vol. 38: R. Berger, R. Kiehl, E. Kunz und H.-J. Nastold, Differentialrechnung in der analytischen Geometrie IV, 134 Seiten. 1967 DM 12,– / $ 3.30

Vol. 39: Séminaire de Probabilités I. II, 189 pages. 1967. DM 14,– / $ 3.90

Vol. 40: J. Tits, Tabellen zu den einfachen Lie Gruppen und ihren Darstellungen. VI, 53 Seiten. 1967. DM 6.80 / $ 1.90

Vol. 41: A. Grothendieck, Local Cohomology. VI, 106 pages. 1967. DM 10,– / $ 2.80

Vol. 42: J. F. Berglund and K. H. Hofmann, Compact Semitopological Semigroups and Weakly Almost Periodic Functions. VI, 160 pages. 1967. DM 12,– / $ 3.30

Vol. 43: D. G. Quillen, Homotopical Algebra. VI, 157 pages. 1967. DM 14,– / $ 3.90

Vol. 44: K. Urbanik, Lectures on Prediction Theory. IV, 50 pages. 1967. DM 5,80 / $ 1.60

Vol. 45: A. Wilansky, Topics in Functional Analysis. VI, 102 pages. 1967. DM 9,60 / $ 2.70

Vol. 46: P. E. Conner, Seminar on Periodic Maps.IV, 116 pages. 1967. DM 10,60 / $ 3.00

Vol. 47: Reports of the Midwest Category Seminar I. IV, 181 pages. 1967. DM 14,80 / $ 4.10

Vol. 48: G. de Rham, S. Maumary et M. A. Kervaire, Torsion et Type Simple d'Homotopie. IV, 101 pages. 1967. DM 9,60 / $ 2.70

Vol. 49: C. Faith, Lectures on Injective Modules and Quotient Rings. XVI, 140 pages. 1967. DM 12,80 / $ 3.60

Vol. 50: L. Zalcman, Analytic Capacity and Rational Approximation. VI, 155 pages. 1968. DM 13.20 / $ 3.70

Vol. 51: Séminaire de Probabilités II. IV, 199 pages. 1968. DM 14,– / $ 3.90

Vol. 52: D. J. Simms, Lie Groups and Quantum Mechanics. IV, 90 pages. 1968. DM 8,– / $ 2.20

Vol. 53: J. Cerf, Sur les difféomorphismes de la sphère de dimension trois (Γ_4 = O). XII, 133 pages. 1968. DM 12,– / $ 3.30

Vol. 54: G. Shimura, Automorphic Functions and Number Theory. VI, 69 pages. 1968. DM 8,– / $ 2.20

Vol. 55: D. Gromoll, W. Klingenberg und W. Meyer, Riemannsche Geometrie im Großen. VI, 287 Seiten. 1968. DM 20,– / $ 5.50

Vol. 56: K. Floret und J. Wloka, Einführung in die Theorie der lokalkonvexen Räume. VIII, 194 Seiten. 1968. DM 16,– / $ 4.40

Vol. 57: F. Hirzebruch and K. H. Mayer, O (n)-Mannigfaltigkeiten, exotische Sphären und Singularitäten. IV, 132 Seiten. 1968. DM 10,80 / $ 3.00

Vol. 58: Kuramochi Boundaries of Riemann Surfaces. IV, 102 pages. 1968. DM 9,60 / $ 2.70

Vol. 59: K. Jänich, Differenzierbare G-Mannigfaltigkeiten. VI, 89 Seiten. 1968. DM 8,– / $ 2.20

Vol. 60: Seminar on Differential Equations and Dynamical Systems. Edited by G. S. Jones. VI, 106 pages. 1968. DM 9,60 / $ 2.70

Vol. 61: Reports of the Midwest Category Seminar II. IV, 91 pages. 1968. DM 9,60 / $ 2.70

Vol. 62: Harish-Chandra, Automorphic Forms on Semisimple Lie Groups X, 138 pages. 1968. DM 14,– / $ 3.90

Vol. 63: F. Albrecht, Topics in Control Theory. IV, 65 pages. 1968. DM 6,80 / $ 1.90

Vol. 64: H. Berens, Interpolationsmethoden zur Behandlung von Approximationsprozessen auf Banachräumen. VI, 90 Seiten. 1968. DM 8,– / $ 2.20

Vol. 65: D. Kölzow, Differentiation von Maßen. XII, 102 Seiten. 1968. DM 8,– / $ 2.20

Vol. 66: D. Ferus, Totale Absolutkrümmung in Differentialgeometrie und -topologie. VI, 85 Seiten. 1968. DM 8,– / $ 2.20

Vol. 67: F. Kamber and P. Tondeur, Flat Manifolds. IV, 53 pages. 1968. DM 5,80 / $ 1.60

Vol. 68: N. Boboc et P. Mustată, Espaces harmoniques associés aux opérateurs différentiels linéaires du second ordre de type elliptique. VI, 95 pages. 1968. DM 8,60 / $ 2.40

Vol. 69: Seminar über Potentialtheorie. Herausgegeben von H. Bauer. VI, 180 Seiten. 1968. DM 14,80 / $ 4.10

Vol. 70: Proceedings of the Summer School in Logic. Edited by M. H. Löb. IV, 331 pages. 1968. DM 20,– / $ 5.50

Vol. 71: Séminaire Pierre Lelong (Analyse), Année 1967 – 1968. VI, 19 pages. 1968. DM 14,– / $ 3.90

Vol. 72: The Syntax and Semantics of Infinitary Languages. Edited by J. Barwise. IV, 268 pages. 1968. DM 18,– / $ 5.00

Vol. 73: P. E. Conner, Lectures on the Action of a Finite Group. IV, 123 pages. 1968. DM 10,– / $ 2.80

Vol. 74: A. Fröhlich, Formal Groups. IV, 140 pages. 1968. DM 12,– / $ 3 30

Vol. 75: G. Lumer, Algèbres de fonctions et espaces de Hardy. VI, 80 pages. 1968. DM 8,– / $ 2.20

Vol. 76: R. G. Swan, Algebraic K-Theory. IV, 262 pages. 1968. DM 18,– / $ 5.00

Vol. 77: P.-A. Meyer, Processus de Markov: la frontière de Martin. IV, 123 pages. 1968. DM 10,– / $ 2.80

Vol. 78: H. Herrlich, Topologische Reflexionen und Coreflexionen. XVI, 166 Seiten. 1968. DM 12,– / $ 3.30

Vol. 79: A. Grothendieck, Catégories Cofibrées Additives et Complexe Cotangent Relatif. IV, 167 pages. 1968. DM 12,– / $ 3.30

Vol. 80: Seminar on Triples and Categorical Homology Theory. Edited by B. Eckmann. IV, 398 pages. 1969. DM 20,– / $ 5.50

Vol. 81: J.-P. Eckmann et M. Guenin, Méthodes Algébriques en Mécanique Statistique. VI, 131 pages. 1969. DM 12,– / $ 3.30

Vol. 82: J. Wloka, Grundräume und verallgemeinerte Funktionen. VIII, 131 Seiten. 1969. DM 12,– / $ 3.30

Vol. 83: O. Zariski, An Introduction to the Theory of Algebraic Surfaces. IV, 100 pages. 1969. DM 8,– / $ 2.20

Vol. 84: H. Lüneburg, Transitive Erweiterungen endlicher Permutationsgruppen. IV, 119 Seiten. 1969. DM 10.– / $ 2.80

Vol. 85: P. Cartier et D. Foata, Problèmes combinatoires de commutation et réarrangements. IV, 88 pages. 1969. DM 8,– / $ 2.20

Vol. 86: Category Theory, Homology Theory and their Applications I. Edited by P. Hilton. VI, 216 pages. 1969. DM 16,– / $ 4.40

Vol. 87: M. Tierney, Categorical Constructions in Stable Homotopy Theory. IV, 65 pages. 1969. DM 6,– / $ 1.70

Vol. 88: Séminaire de Probabilités III. IV, 229 pages. 1969. DM 18,– / $ 5.00

Vol. 89: Probability and Information Theory. Edited by M. Behara, K. Krickeberg and J. Wolfowitz. IV, 256 pages. 1969. DM 18,– / $ 5.00

Vol. 90: N. P. Bhatia and O. Hajek, Local Semi-Dynamical Systems. II, 157 pages. 1969. DM 14, – / $ 3.90

Vol. 91: N. N. Janenko, Die Zwischenschrittmethode zur Lösung mehrdimensionaler Probleme der mathematischen Physik. VIII, 194 Seiten. 1969. DM 16,80 / $ 4.70

Vol. 92: Category Theory, Homology Theory and their Applications II. Edited by P. Hilton. V, 308 pages. 1969. DM 20,– / $ 5.50

Vol. 93: K. R. Parthasarathy, Multipliers on Locally Compact Groups. III, 54 pages. 1969. DM 5,60 / $ 1.60

Vol. 94: M. Machover and J. Hirschfeld, Lectures on Non-Standard Analysis. VI, 79 pages. 1969. DM 6,– / $ 1.70

Vol. 95: A. S. Troelstra, Principles of Intuitionism. II, 111 pages. 1969. DM 10,– / $ 2.80

Vol. 96: H.-B. Brinkmann und D. Puppe, Abelsche und exakte Kategorien, Korrespondenzen. V, 141 Seiten. 1969. DM 10,– / $ 2.80

Vol. 97: S. O. Chase and M. E. Sweedler, Hopf Algebras and Galois theory. II, 133 pages. 1969. DM 10,– / $ 2.80

Vol. 98: M. Heins, Hardy Classes on Riemann Surfaces. III, 106 pages. 1969. DM 10,– / $ 2.80

Vol. 99: Category Theory, Homology Theory and their Applications III. Edited by P. Hilton. IV, 489 pages. 1969. DM 24,– / $ 6.60

Vol. 100: M. Artin and B. Mazur, Etale Homotopy II, 196 Seiten. 1969. DM 12,– / $ 3.30

Vol. 101: G. P. Szegö et G. Treccani, Semigruppi di Trasformazioni Multivoche. VI, 177 pages. 1969. DM 14,– / $ 3.90

Vol. 102: F. Stummel, Rand- und Eigenwertaufgaben in Sobolewschen Räumen. VIII, 386 Seiten. 1969. DM 20,– / $ 5.50

Vol. 103: Lectures in Modern Analysis and Applications I. Edited by C. T. Taam. VII, 162 pages. 1969. DM 12,– / $ 3.30

Vol. 104: G. H. Pimbley, Jr., Eigenfunction Branches of Nonlinear Operators and their Bifurcations. II, 128 pages. 1969. DM 10,– / $ 2.80

Vol. 105: R. Larsen, The Multiplier Problem. VII, 284 pages. 1969. DM 18,– / $ 5.00

Vol. 106: Reports of the Midwest Category Seminar III. Edited by S. Mac Lane. III, 247 pages. 1969. DM 16,– / $ 4.40

Vol. 107: A. Peyerimhoff, Lectures on Summability. III, 111 pages. 1969. DM 8,– / $ 2.20

Vol. 108: Algebraic K-Theory and its Geometric Applications. Edited by R. M. F. Moss and C. B. Thomas. IV, 86 pages. 1969. DM 6,– / $ 1.70

Vol. 109: Conference on the Numerical Solution of Differential Equations. Edited by J. Ll. Morris VI, 275 pages. 1969. DM 18,– / $ 5.00

Vol. 110: The Many Facets of Graph Theory. Edited by G. Chartrand and S. F. Kapoor. VIII, 290 pages. 1969. DM 18,– / $ 5.00

Vol. 111: K. H. Mayer, Relationen zwischen charakteristischen Zahlen. III, 99 Seiten. 1969. DM 8,– / $ 2.20

Vol. 112: Colloquium on Methods of Optimization. Edited by N. N. Moiseev. IV, 293 pages. 1970. DM 18,– / $ 5.00

Vol. 113: R. Wille, Kongruenzklassengeometrien. III, 99 Seiten. 1970. DM 8,– / $ 2.20

Vol. 114: H. Jacquet and R. P. Langlands, Automorphic Forms on GL (2). VII, 548 pages. 1970. DM 24,– / $ 6.60

Vol. 115: K. H. Roggenkamp and V. Huber-Dyson, Lattices over Orders I. XIX, 290 pages. 1970. DM 18,– / $ 5.00

Vol. 116: Séminaire Pierre Lelong (Analyse) Année 1969. IV, 195 pages. 1970. DM 14,– / $ 3.90

Vol. 117: Y. Meyer, Nombres de Pisot, Nombres de Salem et Analyse Harmonique. 63 pages. 1970. DM 6.– / $ 1 70

Vol. 118: Proceedings of the 15th Scandinavian Congress, Oslo 1968. Edited by K. E. Aubert and W. Ljunggren. IV, 162 pages. 1970. DM 12,– / $ 3.30

Vol. 119: M. Raynaud, Faisceaux amples sur les schémas en groupes et les espaces homogènes. III, 219 pages. 1970. DM 14,– / $ 3.90

Vol. 120: D. Siefkes, Büchi's Monadic Second Order Successor Arithmetic. XII, 130 Seiten. 1970. DM 12,– / $ 3.30

Vol. 121: H. S. Bear, Lectures on Gleason Parts. III, 47 pages. 1970. DM 6,–/$ 1.70

Vol. 122: H. Zieschang, E. Vogt und H.-D. Coldewey, Flächen und ebene diskontinuierliche Gruppen. VIII, 203 Seiten. 1970. DM 16,– / $ 4.40

Vol. 123: A. V. Jategaonkar, Left Principal Ideal Rings. VI, 145 pages. 1970. DM 12,– / $ 3.30

Vol. 124: Séminare de Probabilités IV. Edited by P. A. Meyer. IV, 282 pages. 1970. DM 20,– / $ 5.50

Vol. 125: Symposium on Automatic Demonstration. V, 310 pages 1970. DM 20,– / $ 5.50

Vol. 126: P. Schapira, Théorie des Hyperfonctions. XI, 157 pages. 1970. DM 14,– / $ 3.90

Vol. 127: I. Stewart, Lie Algebras. IV, 97 pages 1970. DM 10,– / $ 2.80

Vol. 128: M. Takesaki, Tomita's Theory of Modular Hilbert Algebras and its Applications. II, 123 pages. 1970. DM 10,– / $ 2.80

Vol. 129: K. H. Hofmann, The Duality of Compact Semigroups and C*- Bigebras. XII, 142 pages. 1970. DM 14,– / $ 3.90

Vol. 130: F. Lorenz, Quadratische Formen über Körpern. II, 77 Seiten. 1970. DM 8,– / $ 2.20

Vol. 131: A Borel et al., Seminar on Algebraic Groups and Related Finite Groups. VII, 321 pages. 1970. DM 22,– / $ 6.10

Vol. 132: Symposium on Optimization. III, 348 pages. 1970. DM 22,– / $ 6.10

Vol. 133: F. Topsøe, Topology and Measure. XIV, 79 pages. 1970. DM 8,– / $ 2.20

Vol. 134: L. Smith, Lectures on the Eilenberg-Moore Spectral Sequence. VII, 142 pages. 1970. DM 14,– / $ 3.90

Vol. 135: W. Stoll, Value Distribution of Holomorphic Maps into Compact Complex Manifolds. II, 267 pages. 1970. DM 18,– / $ 5.00

Vol. 136: M. Karoubi et al., Séminaire Heidelberg-Saarbrücken-Strasbuorg sur la K-Théorie. IV, 264 pages. 1970. DM 18,– / $ 5.00

Vol. 137: Reports of the Midwest Category Seminar IV. Edited by S. MacLane. III, 139 pages. 1970. DM 12,– / $ 3.30

Vol. 138: D. Foata et M. Schützenberger, Théorie Géométrique des Polynômes Eulériens. V, 94 pages. 1970. DM 10,– / $ 2.80

If you have any concerns about our products,
you can contact us on
ProductSafety@springernature.com

In case Publisher is established outside the EU,
the EU authorized representative is:
**Springer Nature Customer Service Center GmbH
Europaplatz 3, 69115 Heidelberg, Germany**

Printed by Libri Plureos GmbH
in Hamburg, Germany